Usos de energia
Alternativas para o século XXI

HELENA DA SILVA FREIRE TUNDISI

Conforme a nova ortografia

16ª edição reformulada

Copyright © Helena da Silva Freire Tundisi, 1991.
SARAIVA S.A. Livreiros Editores
Rua Henrique Schaumann, 270 – Pinheiros
05413-010 – São Paulo – SP
Fone: (0xx11) 3613-3000
Fax: (0xx11) 3611-3308 – Fax vendas: (0xx11) 3611-3268
www.editorasaraiva.com.br
Todos os direitos reservados.

CIP-BRASIL. CATALOGAÇÃO NA PUBLICAÇÃO
SINDICATO NACIONAL DOS EDITORES DE LIVROS, RJ

T835u
16. ed.

Tundisi, Helena da Silva Freire.
    Usos de energia: alternativas para o século XXI/Helena da Silva Freire Tudisi; ilustrações Luis Moura. – 16. ed. – São Paulo: Atual, 2013.
    112 p. : il. ; 24cm   (Série Meio Ambiente).

    Inclui bibliografia e glossário.
    ISBN 978-85-357-1594-1 (professor)
    ISBN 978-85-357-1590-3

    1. Energia – Fontes alternativas. 2. Energia – História. 3. Recursos energéticos. 4. Desenvolvimento energético. 5. Petróleo. I. Moura, Luis. II. Título. III. Série.

13-05732   CDD: 333.79
                                                                        CDD: 620.91

Gerente editorial: Rogério Carlos Gastaldo de Oliveira
Editora-assistente: Solange Mingorance
Auxiliares de serviços editoriais: Flávia Andrade Zambon, Amanda Lassak e Laura Vecchioli
Coordenação e produção editorial: Todotipo Editorial
Pesquisa para atualização: Helena da Silva Freire Tundisi, Marcelo T. C. de Oliveira, Claudia Lucia Setti de Almeida, Cristina Astolfi Carvalho e Solange Mingorance
Preparação de texto: Cacilda Guerra
Pesquisa iconográfica: Cristina Akisino (coord.)/Tempo Composto
Revisão: Cássia Land e Vanessa Lucena
Projeto gráfico e diagramação: Rosa Design Gráfico
Mapas: Mario Yoshida
Ilustrações e gráficos: Luís Moura
Produtor gráfico: Rogério Strelciuc
Foto de capa: Turbinas eólicas de usina em Copenhague, na Dinamarca, em 2008. © UIG/Getty Images
Imagem do sumário: Detalhe da hidrelétrica de Itaipu, Foz do Iguaçu (PR). Thinkstock/Getty Images

2022
16ª edição / 4ª tiragem

Todas as citações de texto contidas neste livro estão de acordo com a legislação, tendo por fim único e exclusivo o ensino. Caso exista algum texto a respeito do qual seja necessária a inclusão de informação adicional, ficamos à disposição para o contato pertinente. Do mesmo modo, fizemos todos os esforços para identificar e localizar os titulares dos direitos sobre as imagens publicadas e estamos à disposição para suprir eventual omissão de crédito em futuras edições.

Visite nosso *site*: www.editorasaraiva.com.br
SAC: saceditorasaraiva@editorasaraiva.com.br
Central de atendimento ao professor: 0800-0117875

Impressão e acabamento: Vox Gráfica

Apresentação

Energia, segundo o conceito da Física, é a propriedade de um sistema de realizar trabalho. É também vida, movimento – sem ela, o mundo seria inerte.

A utilização de diversas formas de energia possibilita ao ser humano cozinhar seu alimento, fornecer combustível a seus sistemas de transporte, aquecer ou refrigerar suas residências e movimentar suas indústrias.

Desde o início da vida em sociedade, o homem procura fontes de energia que possam ser geradas continuamente ou armazenadas para serem consumidas nos momentos de necessidade.

Os combustíveis fósseis*, apesar de não serem fontes renováveis de energia, são fontes energéticas por excelência. Atualmente, são responsáveis por quase 90% de toda a energia consumida no mundo. Grande parte desses combustíveis está no subsolo do Oriente Médio, cujos países têm se valido desses recursos para obter vantagens políticas e econômicas, deixando as outras nações dependentes do petróleo em uma situação de constante insegurança. Entre esses países dependentes, estão alguns altamente industrializados e com alto padrão de vida, cuja manutenção econômica, política e social está diretamente relacionada ao acesso à energia.

O crescimento da população e da renda no mundo é a principal razão para a crescente demanda por energia. Em 2030, a população mundial deverá atingir 8,3 bilhões de habitantes, o que significa que um adicional de 1,3 bilhão de pessoas (em relação a 2013) vão precisar de energia em 2030, aproximadamente o dobro do nível de 2011 em termos reais. O consumo mundial de energia primária deverá crescer 1,6% ao ano entre 2011 e 2030.

A maior parte do crescimento do consumo de energia ocorre em países não membros da Organização para Cooperação e Desenvolvimento Econômico (OCDE). Conforme estimativas do relatório *BP Energy Outlook 2030*, publicado em 2013, o consumo de energia fora dos países da OCDE em 2030 estará 61% acima do nível de 2011. Já nos países ligados à OCDE, em 2030 este consumo será apenas 6% maior do que em 2011.

A partir da metade do século XX, os países desenvolvidos e com economias mais estáveis propiciaram a seus cidadãos acesso às tecnologias consumidoras de energia e geradoras de bem-estar, como automóveis, eletrodomésticos e outros. No início do século XXI, após sucessivas crises econômicas, os países industrializados, principalmente os Estados Unidos e alguns países europeus, tiveram um decréscimo relativo em seu consumo energético. Essa redução ocorreu graças ao desenvolvimento de processos e equipamentos mais eficientes e econômicos, além de políticas internas de conscientização da população e racionalização, sobretudo nos países da União Europeia.

Como consequência do crescimento econômico nos países emergentes, principalmente Brasil, Rússia, Índia e China

---

* As palavras em destaque encontram-se no Glossário.

(BRICs), camadas da população que não tinham acesso a eletrodomésticos e automóveis passam a consumir esses bens e a gastar mais energia. Além disso, esses países reorganizam seus parques industriais, a construção civil sofre uma aceleração e fortes investimentos são feitos em estradas e infraestrutura de forma geral, aumentando proporcionalmente o consumo energético.

É justo que os países menos desenvolvidos busquem a industrialização como forma de melhorar o padrão de vida de sua população. No entanto, é importante que a produção e o consumo de energia sejam sustentáveis, sem causar prejuízos ao homem e ao ambiente.

Um exemplo de fonte de energia que tem causado bastante polêmica são as usinas nucleares. Alguns países europeus suprem grande parte de sua necessidade de energia elétrica por meio delas. Esse tipo de usina não emite gás carbônico nem outros poluentes atmosféricos e, se bem gerenciado, não traz impactos ambientais para seu entorno. No entanto, os resíduos da produção são de longa duração, e acidentes em usinas nucleares podem ter consequências desastrosas não só ao seu redor como em áreas muito distantes, já que a radiação não respeita fronteiras. A catástrofe ocorrida em Chernobyl, na Ucrânia, em 1986, e o vazamento de radiação da Central Nuclear de Fukushima Daiichi, no Japão, após o tsunami de março de 2011, demonstram os riscos de um acidente em uma usina nuclear. A exposição de seres vivos à radiação pode causar mutações genéticas, transmitindo os danos a gerações futuras.

O acidente de 2011 no Japão levou vários países a repensar sua estratégia de investimento em usinas nucleares.

Nos países em que os recursos primários para geração de energia elétrica são escassos, as centrais nucleares significam uma oportunidade de independência energética em caso de crise política internacional.

Se, por um lado, um acidente em uma usina nuclear pode significar uma catástrofe para o ambiente e para a saúde humana, por outro, uma grande polêmica tem sido criada em torno da queima dos combustíveis fósseis.

O efeito estufa, que ocasiona mudanças climáticas no planeta, tem como um fator desencadeador a queima de óleo *diesel* e de gasolina nos centros urbanos. O dióxido de carbono (gás carbônico) e o monóxido de carbono ficam concentrados em determinadas regiões da atmosfera, formando uma camada que bloqueia a dissipação do calor. Essa camada de poluentes funciona como um isolante térmico da Terra, e o calor fica retido nas camadas inferiores da atmosfera.

Com a preocupação de estabilizar a emissão de gases de efeito estufa (GEE) na atmosfera e assim frear o aquecimento global e seus possíveis impactos, foi aprovado um acordo internacional no âmbito da Convenção-Quadro das Nações Unidas sobre Mudança do Clima. Esse acordo foi assinado na cidade de Kioto, no Japão, em 1997, e entrou em vigor em 16 de fevereiro de 2005. Ratificado por 191 países, o tratado ficou mundialmente conhecido como Protocolo de Kioto.

A ideia do protocolo era que, entre 2008 e 2012, as emissões de gases fossem 5% menores do que em 1990. Para isso, os países receberam diferentes metas de redução. Os países mais industrializados tiveram metas mais rigorosas, enquanto as nações em desenvolvimento, como o

Brasil, não receberam metas. Os Estados Unidos, responsáveis por quase um terço das emissões mundiais durante o século XX, foram o único país que se recusou a assinar o documento.

O Protocolo de Kioto deixou de vigorar em 2012. Ainda não há um acordo que venha a sucedê-lo, mas os líderes de países importantes pretendem elaborar um novo documento nas próximas conferências climáticas.

A utilização de novas tecnologias para aumentar a eficiência de equipamentos e reduzir o consumo de energia é uma forma de contribuir para o balanço energético positivo.

Uma área que vem despontando com ideias inovadoras é a da pesquisa de fontes alternativas de energia. Muitas delas poderão substituir total ou parcialmente os combustíveis fósseis em alguns de seus usos, reservando-os para aquelas situações em que sejam absolutamente indispensáveis.

Mesmo que algumas fontes alternativas de energia apresentem baixa eficiência ou alto custo de produção, combinadas entre si ou mesmo com os combustíveis fósseis elas podem trazer soluções de gerenciamento energético interessantes.

Nesse processo, é muito importante que os diferentes governos e povos se conscientizem de que a crise energética atinge todos, ricos ou pobres, indiferentemente. Portanto, investimentos e esforços conjuntos na busca de soluções viáveis levarão à sobrevivência da humanidade.

Helena da Silva Freire Tundisi

Mestre em Ecologia pelo Instituto de Biociências da USP, a autora concentrou seus estudos no impacto ambiental causado por agrotóxicos em ecossistemas de águas continentais. Graduada em Engenharia Agronômica também pela USP, atua na área de regulamentação e registro de pesticidas.

3 **Apresentação**	37 Carvão mineral
	41 Carvão no brasil
Parte 1	42 Usina termelétrica
9 **A energia e a história**	43 Xisto betuminoso e pirobetuminoso
	43 Ocorrência de xisto no brasil
Capítulo 1	
10 **Histórico**	**Capítulo 3**
	46 **Energia nuclear**
Parte 2	54 Fissão nuclear
23 **Os fósseis, o átomo e a água**	54 Fusão nuclear
Capítulo 2	**Capítulo 4**
24 **Energia dos combustíveis de origem fóssil**	60 **Energia hidráulica**
24 Petróleo	60 Barragens
25 Exploração do petróleo	
28 Petróleo no brasil	
29 O pré-sal	
31 Rico subsolo	
32 Gás natural	
36 As reservas brasileiras de gás natural	

Parte 3
67 O sol, a biomassa e os ventos

Capítulo 5
68 **Energia solar**
69 Sistema passivo de captação de energia solar
70 Sistema de captação de energia por célula solar fotovoltaica
71 Geração de energia em satélites
72 Aquecimento solar
73 Centrais térmicas solares

Capítulo 6
74 **Energia da biomassa**
75 Exploração de florestas
78 Exploração de plantas cultivadas
78   Cana-de-açúcar
80   Óleos vegetais
81   Resíduos (agrícolas, pecuários e urbanos)

Capítulo 7
84 **Energia eólica**
87 Energia eólica no brasil

Parte 4
91 A terra e o mar

Capítulo 8
92 **Outras fontes de energia**
92 Energia geotérmica
92   Uso da energia geotérmica
93   Usinas hidrotérmicas
94   Usinas de geopressão
94   Rochas quentes e secas
95 Energia derivada dos gradientes de temperatura nos oceanos
96 Energia das marés
98 Energia das ondas
99 Energia das correntes oceânicas
100   Correntes oceânicas

101 **Considerações finais**
103 **Glossário**
107 **Referências bibliográficas**
112 **Sites**

A fundição *Burmeister & Wain* em Copenhague (1885), de Peter Severin Kroyer (1851-1909), óleo sobre tela, 144 x 195 cm, Statens Museum for Kunst [Museu Nacional de Arte da Dinamarca], Copenhague, Dinamarca.

PARTE 1

A energia e a História

CAPÍTULO 1

Histórico

A energia é o elemento que liga as partículas, os átomos e as moléculas para formar toda matéria conhecida.

Desde que Albert Einstein formulou sua famosa Teoria da Relatividade, ficou estabelecida uma relação formal entre massa e energia.

Na relatividade especial, essa relação é expressa pela fórmula de equivalência massa-energia.

$E = mc^2$
Onde:
E = energia,
m = massa,
c = velocidade da luz no vácuo.

Nessa fórmula, *c*, o valor da velocidade da luz no vácuo, realiza a conversão de quilogramas para joules (já que as grandezas de massa e energia são diferentes).

Muitas definições de massa na relatividade especial podem ser validadas usando-se essa fórmula, mas, se a energia na fórmula é a energia de repouso, então a massa será a massa de repouso.

Assim:

E (joules) = m (quilogramas) · 299 792 458²

Em 1993, José W. Maciel Kaehler apresentou uma classificação das formas de existência e disponibilização da energia.

Segundo esse autor, é possível classificar a energia associada à matéria em três casos:
1) Energia associada à massa e que pode ser utilizada sem afetar a estrutura da matéria: térmica, magnética e mecânica;
2) Energia associada à estrutura molecular e que promove transformações físico-químicas na estrutura da matéria quando utilizada: processos fisiológicos, energia química de hidrocarbonetos e minerais em geral;
3) Energia associada à estrutura atômica e que transforma profundamente a matéria, mudando os elementos que a compõem: processos de fissão e fusão nucleares.

Mais de 60% da poluição ambiental existente no mundo hoje é decorrente, direta ou indiretamente, do uso de energia, do esforço necessário para produzi-la ou das perdas associadas a esses processos.

As fontes primárias de energia podem ser divididas em duas categorias: as renováveis e as não renováveis. A classificação das fontes primárias se dá conforme a fonte de origem: solar e não solar.

Matéria, energia e local de ocorrência

Matéria		Energia		Local de ocorrência
		Associada à	Forma	
Água		Massa	Potencial	Rios e lagos
			Cinética	Marés
				Ondas
			Térmica	Oceanos
				Subsolo
			Química	Hidrosfera
Ar		Massa	Cinética	Atmosfera
			Térmica	Atmosfera
			Química	Atmosfera
Terra (planeta)		Massa	Térmica	Subsolo
			Química	Subsolo
			Magnética	Superfície
			Gravitacional	Espaço
Biomassa	Petróleo	Molécula	Química	Subsolo
	Gás	Molécula	Química	Subsolo
	Carvão	Molécula	Química	Subsolo
	Fresca	Molécula	Química	Solo e água
Urânio		Atômica	Radioativa	Subsolo
Sol		Atômica	Radioativa	Biosfera

Fonte: HOFFMAN, Ronaldo. *Método avaliativo da geração regionalizada de energia, em potências inferiores a 1 MWe, a partir da gestão dos resíduos de biomassa – o caso da casca de arroz*. Tese (Doutorado em Engenharia) – Universidade Federal do Rio Grande do Sul, Porto Alegre, 1999. Disponível em: <www.lume.ufrgs.br/handle/10183/11967>. Acesso em: 5 ago. 2013.

Em todos os casos de usos de energia (iluminação, transporte, conforto térmico etc.), é necessário que a energia bruta seja transformada para então ser disponibilizada na forma de energia útil, como mostra o esquema a seguir.

Energia primária → Energia secundária → Energia final → Energia útil

A energia primária encontra-se como tal na natureza: petróleo, urânio, floresta, queda-d'água etc. Quando renováveis, as fontes de energia primária são, na maioria, dependentes do sol.

Há muitas perdas em todas as etapas do processo de transformação da energia até que ela se torne útil. Entretanto, e de acordo com o princípio da conservação de energia (primeira lei da termodinâmica), o montante é conservado, ou seja, a energia é indestrutível.

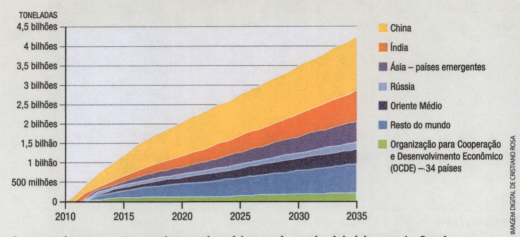

Perspectivas de crescimento da demanda de energia primária

As economias emergentes continuam a impulsionar a demanda global de energia. Prevê-se um aumento de 30% na demanda mundial de energia entre 2010 e 2035, com China e Índia respondendo por 50% do crescimento.

Fonte: INTERNATIONAL ENERGY AGENCY. *World Energy Outlook 2011*. Londres, 9 nov. 2011.
Disponível em: <www.worldenergyoutlook.org/media/weowebsite/2011/WEO2011_Press_Launch_London.pdf>.
Acesso em: 6 ago. 2013.

Em cada transformação se perde um pouco da disponibilidade para uso útil e, finalmente, quando se atinge a forma de calor cedido ao ambiente, a perda de disponibilidade se completa. Esta é a consequência do princípio de qualidade da energia (segunda lei da termodinâmica ou da degradação da energia). Por isso é tão importante o controle pessoal que o consumidor pode exercer ao racionalizar seu uso.

A evolução do consumo de energia pelo homem passou de 2 200 kcal (exclusivamente da alimentação durante a Pré-história para cerca de 1 milhão de kcal ao dia (necessidades do homem tecnológico estadunidense).

O homem das cavernas, há aproximadamente 500 mil anos, usava apenas sua força física e posteriormente o fogo para aquecer-se e espantar as feras. Um grande avanço aconteceu quando, com fogo, madeira, ossos e pedras, o homem começou a fabricar ferramentas e armas e a domesticar animais.

Há 10 mil anos, utilizando a força de animais para tração mecânica, o homem aumentou quatro vezes a potência disponível e fixou-se na terra para plantar. Foi o início da agricultura. Nesse momento, ele deixou de ser nômade e passou a ser sedentário. Surgiram os pequenos povoados, os centros urbanos, as cidades grandes e, finalmente, as metrópoles da atualidade.

Desde o momento em que o homem tornou-se sedentário até os dias de hoje,

Principais fontes de energia existentes no planeta

Renováveis	Solares	Várias formas: biomassa; hídrica; eólica; solar direta; solar fotovoltaica; calor de massas de água (Otec*); ondas marítimas.
	Não solares	Mecânica: marés. Calor: geotérmica. Processos nucleares por fusão.
Não renováveis	Solares	Gasosa: gás natural.
		Líquida: petróleo cru.
		Sólida: petróleo pesado; areia betuminosa; xisto; série lignocelulósica (turfa, linhito, hulha ou carvão e antracito).
	Não solares	Combustíveis nucleares.

* Ocean Thermal Energy Conversion [Conversão de Energia Termal Oceânica].

Fonte: HOFFMAN, Ronaldo. *Método avaliativo da geração regionalizada de energia, em potências inferiores a 1 MW$_e$, a partir da gestão dos resíduos de biomassa – o caso da casca de arroz.* Tese (Doutorado em Engenharia) – Universidade Federal do Rio Grande do Sul, Porto Alegre, 1999.
Disponível em: <www.lume.ufrgs.br/handle/10183/11967>. Acesso em: 5 ago. 2013.

sua capacidade tecnológica para dominar as fontes de energia disponíveis foi a responsável pelo progresso das civilizações.

A civilização romana, calcada na abundância de energia bioquímica, tanto de plantas como de animais, passou a utilizar madeira, cavalos, bois e os próprios semelhantes – na forma de escravidão. Atenas, no ano 700 a.C., tinha cerca de 500 mil habitantes e era o berço da democracia, porém somente 20% das pessoas que ali viviam podiam ser democratas – os demais eram escravos, que mantinham o suprimento energético da cidade.

As energias eólica e hidráulica foram utilizadas primeiro na Grécia, com o desenvolvimento da navegação a vela e dos moinhos de água, técnicas difundidas posteriormente pelos romanos nos territórios conquistados. Naquela época, praticamente toda atividade manual estava reservada aos escravos, cujas sucessivas revoltas colaboraram para a decadência do Império Romano, que acabou sendo destruído por invasões bárbaras. Nessa fase da civilização, o consumo diário de energia era de aproximadamente 11 000 kcal.

Na impossibilidade de utilizar a força escrava, tornou-se evidente a necessidade de desenvolver técnicas que transpusessem os limites da força humana, multiplicando sua potência e aumentando a produtividade.

O processo de aproveitamento das energias naturais iniciou-se na Idade Média e concretizou-se com a Revolução Industrial, quando a sociedade resgatou a utilização das rodas-d'água, dos moinhos de vento e da tração animal. A transformação do movimento circular das rodas-d'água em movimento de vaivém possibilitou seu aproveitamento para produção de celulose, corte de madeira e polimento de armaduras. O número de rodas de água cresceu: só na Inglaterra havia, no século XI, um equipamento para cada quatrocentos habitantes.

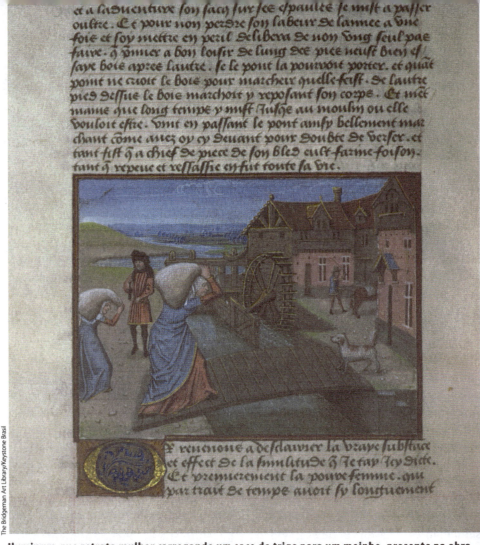

Iluminura que retrata mulher carregando um saco de trigo para um moinho, presente na obra de l'*Instruction d'un Jeune Prince* (c. 1465-1468), de René d'Anjou (1409-1480), 35 x 22,2 cm, Museu Fitzwilliam, Cambridge, Inglaterra.

A utilização da energia eólica, por estar relacionada à disponibilidade de ventos suficientemente velozes, ficou restrita a regiões geográficas específicas. No caso da Holanda, sua utilização foi especialmente importante a partir do século XII, pois seus moinhos desempenharam papel significativo: tornaram o país o principal centro de corte de madeira e de moagem de grãos e especiarias da época.

No século XIV, foi criado o alto-forno a carvão vegetal, que possibilitou o uso mais intensivo do ferro, incrementando a fabricação de utensílios agrícolas.

Portanto, na Idade Média, o abastecimento energético provinha de fontes renováveis. A lenha não só era usada no cozimento de alimentos como também na manipulação de metais. A tração animal, os moinhos de vento e as rodas de água somavam-se à força humana, contribuindo para o aumento da produtividade.

No entanto, a utilização intensiva de lenha e de carvão vegetal levou à destruição de florestas, apesar de ter favorecido o desenvolvimento e o crescimento da indústria, sobretudo a do ferro. A partir do século XVII, a lenha foi paulatinamente sendo substituída pelo carvão mineral.

A exploração do carvão mineral e a necessidade de eliminar a água acumulada nas galerias das minas, cada vez mais profundas, estimularam um mecânico inglês chamado Thomas Newcomen a aproveitar a ideia do pistão, inventado por Denis Papin, para construir uma máquina que se utilizava do ciclo vaporização-condensação, levando para a superfície a água do fundo das minas.

Essa máquina a vapor, originariamente com seu uso limitado às minas de carvão, após inovações do engenheiro escocês James Watt, teve seu movimento alternado transformado em movimento circular, possibilitando sua aplicação na movimentação de qualquer engenho.

O desenvolvimento do alto-forno a coque e a purificação do ferro fundido para transformá-lo em aço permitiram a difusão desse primeiro motor universal.

A invenção de máquinas baseadas na utilização do carvão mineral criou as condições para a aceleração do crescimento econômico que constituiu a Revolução Industrial.

O carvão mineral passou a ser utilizado não só para alimentar os altos-fornos e as locomotivas, mas também para movimentar máquinas a vapor da indústria em geral, especialmente a têxtil.

No fim do século XVIII, o consumo energético *per capita* diário somava 12 600 kcal, e o carvão mineral, na forma de gás, encontrou aplicação na iluminação de grandes cidades.

A gaseificação e a liquefação do carvão no início do século XIX levaram-no a substituir os óleos animais usados na iluminação doméstica e das ruas. Mas a perfuração do primeiro poço de petróleo, em 1859, nos Estados Unidos, revolucionou esse mercado, trazendo uma fonte de energia capaz de proporcionar imensas quantidades de óleo iluminante a baixos preços e eliminando os problemas de abastecimento de energia à população.

No fim do século XIX, foram desenvolvidos o motor quatro tempos, o motor a *diesel* e o dínamo.

O motor elétrico apresentou grandes benefícios em relação à máquina a vapor, principalmente pelo fato de ser silencioso, não poluente, permitir o fornecimento de pequenas e grandes potências, além de ser mais barato.

Em 1832, foi inventada a turbina hidráulica, que viabilizaria a produção de energia elétrica em larga escala, com o aproveitamento das quedas-d'água.

As turbinas a vapor, e posteriormente as turbinas movimentadas pelos próprios gases de combustão, além de aumentarem o rendimento energético, levaram a uma redução significativa no consumo de combustíveis.

O problema do abastecimento elétrico foi solucionado pelas turbinas, e os transformadores resolveram a questão do transporte de voltagens elevadas a longas distâncias, com minimização de perdas.

Dessa forma, no fim do século XIX, a máquina a vapor foi substituída pelos motores (elétrico e de explosão), e em lugar do carvão, combustível sólido, passou-se a usar uma série de combustíveis líqui-

Evolução das reservas mundiais de petróleo

	No fim de 1992 (em bilhões de barris)	No fim de 2002 (em bilhões de barris)	No fim de 2012 (em bilhões de barris)	Porcentagem do total no fim de 2012
América do Norte	122,1	228,3	220,2	13,2%
América Central e do Sul	78,8	100,3	328,4	19,7%
Europa e Eurásia	78,3	109,3	140,8	8,4%
Oriente Médio	661,6	741,3	807,7	48,4%
África	61,1	101,6	130,3	7,8%
Ásia e Pacífico	37,5	40,6	41,5	2,5%
TOTAL	1 039,4	1 321,4	1 668,9	100%

Fonte: BP GLOBAL. *BP Statistical Review of World Energy*, jun. 2013. Disponível em: <www.bp.com/content/dam/bp/pdf/statistical-review/statistical_review_of_world_energy_2013.pdf>. Acesso em: 30 ago. 2013.

dos derivados do petróleo (querosene, *diesel*, óleo combustível) e, finalmente, a eletricidade.

Com o advento da indústria automobilística, o petróleo – também conhecido como *ouro negro* – transformou-se num dos assuntos mais discutidos por todos os segmentos sociais, econômicos e políticos do mundo, tornando-se responsável pela alimentação do sistema industrial e pela mudança profunda na estrutura da economia mundial.

O transporte rodoviário passou a exigir grandes volumes de gasolina e *diesel*, supridos por refinarias de petróleo que lançavam seus derivados no mercado a preços baixos, propiciando boas oportunidades de aquisição pelas indústrias.

No ano de 1900, os maiores produtores de petróleo do mundo eram a Rússia (206 mil barris/dia) e os Estados Unidos (173 mil barris/dia).

Após o fim da Segunda Guerra Mundial, foram descobertas extraordinárias jazidas petrolíferas no Oriente Médio, no norte da África, no México e na Venezuela. Na época, os preços do petróleo eram baixos, e muitos países estruturaram sua economia com base nessa fonte de energia.

Em 1960, foi criada a Organização dos Países Exportadores de Petróleo (Opep), que a partir de 1970 iniciou um controle efetivo dos preços do produto.

A demanda de petróleo nos países desenvolvidos se elevou de 19 milhões de barris/dia em 1960 para 44 milhões de barris/dia em 1972. Quantidades cada vez maiores eram queimadas nas fábricas, nas usinas e nos veículos automotivos. O ano de 1972 apresentou uma produção mundial de 44,87 milhões de barris/dia, distribuídos da seguinte maneira: Estados Unidos (18,6%), União Soviética (15,5%), Arábia Saudita (11,8%), Irã (9,9%), Venezuela (6,3%), Kuwait (5,9%), Líbia (4,4%), Nigéria (3,6%), Canadá (3,0%), Argélia (2,1%) e outros pequenos produtores.

Em 1973 foi deflagrada a primeira crise mundial do petróleo, caracterizada pela efetiva transferência do controle da política petrolífera das grandes empresas internacionais para os países exportadores. Nesse ano, o dólar implodiu e os países árabes embargaram as exportações do produto para os Estados Unidos, que tiveram de sair às pressas do Vietnã e mergulharam numa crise econômica que duraria uma década.

A guerra árabe-israelense, em outubro de 1973, instaurou pânico no cenário petrolífero mundial, pois os países árabes exportadores de petróleo resolveram utilizar esse combustível como arma política, efetuando cortes progressivos na produção.

1973: A crise do petróleo

Até 1960, o preço do petróleo era definido pelo cartel de empresas petrolíferas do Ocidente, as chamadas "sete irmãs", que controlavam o mercado do produto e pagavam valores irrisórios para os países produtores. Isso gerava grande insatisfação, porque estes países viviam mergulhados na pobreza e não tinham o retorno financeiro adequado, além de pagarem altos preços por produtos derivados de seu próprio petróleo. Em setembro daquele ano, os principais países produtores se reuniram em Bagdá, no Iraque, e fundaram a Organização dos Países Exportadores de Petróleo (Opep), com a intenção de fazer frente a essas empresas.

A ideia inicial era exigir que pagassem royalties mais elevados aos países produtores e conseguir maior engajamento deles no processo. A ação conjunta do bloco surtiu resultado e, ao longo da década de 1960, as nações exportadoras foram obtendo lucros e influência política crescentes.

Em 1973, os sistemas financeiros viviam um momento delicado após os Estados Unidos terem decidido, dois anos antes, que o dólar, e não mais o ouro, seria usado como lastro da economia mundial. Ou seja, as moedas teriam seu valor com paridade no dólar, e não mais no ouro. Esse anúncio rompeu com uma longa tradição monetária e gerou instabilidade.

Isso por si só gerava pressão no mercado petrolífero, que teve uma forte crise com os acontecimentos do final do ano.

Em 6 de outubro, num dos recorrentes episódios do conflito entre árabes e judeus, Síria e Egito atacaram Israel. Iniciava-se a Guerra do Yom Kippur. Os Estados Unidos se envolveram no conflito, enviando munição e suprimentos para os israelenses, o que irritou os países árabes. A partir desse momento, o petróleo se tornou definitivamente uma ferramenta para influenciar decisões políticas. Em represália ao envolvimento norte-americano, a Opep anunciou, no dia 16, um aumento de 70% no preço do barril de petróleo. Nos dias seguintes, a crise foi ampliada, com o anúncio da diminuição da produção e com o embargo das exportações de petróleo para os Estados Unidos (depois ampliado para alguns outros países).

Isso gerou grandes temores de que a economia ocidental, fortemente dependente do óleo, entrasse em colapso. O preço do barril disparou de US$ 3 para US$ 12. Nos meses seguintes, houve uma série de negociações entre líderes ocidentais e árabes até que, em março de 1974, o embargo foi suspenso. Entretanto, os efeitos da crise durariam por muitos anos, com o aumento contínuo do preço do barril até 1986.

Os países industrializados passaram, então, a adotar medidas restritivas ao consumo de petróleo quando a escassez e os altos preços desestabilizaram suas economias, já abaladas por um quadro de inflação crescente.

No período de 1977 a 1978, como resultado de uma distensão política no conflito árabe-israelense, associada a uma redução no consumo mundial de petróleo, os preços do produto baixaram e houve uma relativa abundância do combustível. Isso também se deve ao aumento de produção no México e no Mar do Norte e ao início do escoamento do petróleo do estado do Alasca, que reduziu a importação pelos Estados Unidos.

Em 1979, com a mudança política no Irã e seu conflito posterior com o Iraque, instaurou-se uma nova crise mundial do petróleo, dessa vez com aumentos significativos de preços – o valor do barril subiu de US$ 1,50 em 1972 para US$ 30 no início de 1980. A produção mundial, a partir desse ano, foi declinando de 31 milhões de barris/dia em 1979 para 17,5 milhões de barris/dia em 1983.

Após seu envolvimento no conflito com o Irã, o ditador iraquiano Saddam Hussein resolveu atacar, em 1990, o emirado do Kuwait, um dos maiores produtores de petróleo do mundo, que foi transformado em província do Iraque, dando início à terceira crise do petróleo do pós-guerra.

O Kuwait era considerado pelos Estados Unidos um fornecedor estratégico, e os norte-americanos temiam que Saddam

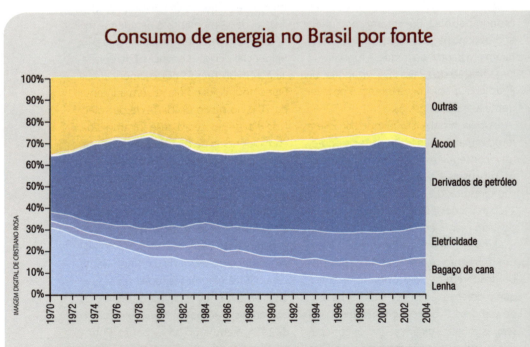

Fonte: BRASIL. Ministério de Minas e Energia (MME); Empresa de Pesquisa Energética (EPE). *Plano nacional de energia 2030*. Brasília: MME; EPE, 2007. Disponível em: <www.epe.gov.br/PNE/20080512_1.pdf>. Acesso em: 26 jul. 2013.

Consumo de energia no Brasil por fonte

Fonte	Em milhões de tep*		
	2011	2012	2012/2011 – %
Derivados de petróleo	107 113	113 091	5,6
Gás natural	17 828	18 247	2,3
Carvão mineral	13 639	13 233	–3,0
Eletricidade	41 290	42 862	3,8
Biomassa	65 906	65 989	0,1
TOTAL	245 776	253 422	3,1

* tep: toneladas equivalentes de petróleo

Fonte: BRASIL. Ministério de Minas e Energia (MME). *Resenha energética brasileira*: exercício de 2012. Brasília: MME, 2013. Disponível em: <www.mme.gov.br/mme/galerias/arquivos/publicacoes/BEN/3_-_Resenha_Energetica/1_-_Resenha_Energetica.pdf>. Acesso em: 30 ago. 2013.

Hussein viesse a controlar metade do fornecimento do petróleo na região.

Com o apoio da Organização das Nações Unidas (ONU), os Estados Unidos lideraram uma força militar multinacional (composta de 34 países), que reconquistou o emirado em 1991 e expulsou as tropas iraquianas de volta para suas fronteiras. Ao se retirarem, os iraquianos incendiaram todos os poços de extração, provocando uma das maiores catástrofes ecológicas da História, destruindo grande parte da vida animal do Golfo Pérsico.

A intervenção internacional foi o passo inicial da chamada Nova Ordem Mundial, na qual o consenso das nações determinou a não aceitação de mais nenhuma guerra de anexação.

No entanto, as crises no Oriente Médio continuaram e se agravaram com a invasão do Iraque pelos Estados Unidos e aliados, em março de 2003. O Conselho de Segurança da ONU não aprovou a invasão, mas os norte-americanos, a fim de justificar a operação, alegaram ter evidências de que o Iraque dispunha de armas de destruição em massa.

Essa crise acirrou um sentimento nacionalista em relação ao controle do petróleo. A maioria dos países, e principalmente os maiores consumidores, como Estados Unidos, Rússia e China, conscientes da importância da fonte energética para assegurar seu desenvolvimento econômico e seu progresso social, passaram a preocupar-se com a perda do controle sobre o produto (preço e acesso). O petróleo, então, passa a fazer parte das pautas de reuniões internacionais de segurança, bem como das agendas políticas dos países para a manutenção da independência e da soberania nacionais.

Apesar de opiniões de especialistas que afirmam que as reservas de combustíveis fósseis já atingiram seu pico máximo e estão numa fase descendente, a ExxonMobil (multinacional norte-americana de petróleo e gás), em seu relatório de 2011, relata que 55% das reservas mundiais permanecerão inexploradas até 2040 por fal-

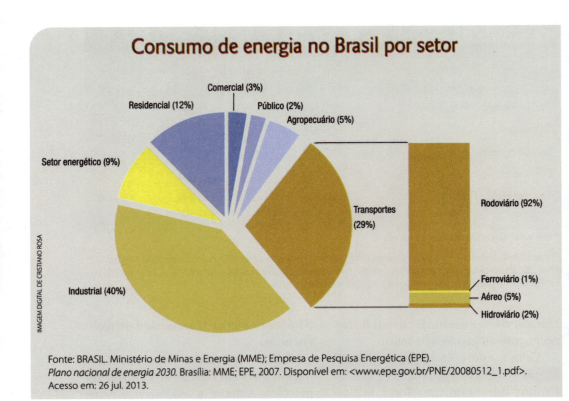

Fonte: BRASIL. Ministério de Minas e Energia (MME); Empresa de Pesquisa Energética (EPE). *Plano nacional de energia 2030*. Brasília: MME; EPE, 2007. Disponível em: <www.epe.gov.br/PNE/20080512_1.pdf>. Acesso em: 26 jul. 2013.

ta de tecnologia apropriada ou pelo alto custo de exploração. No entanto, ainda que as reservas disponíveis sejam maiores do que a expectativa, grande parte delas se encontra no Oriente Médio, uma região de permanentes conflitos políticos e religiosos.

Na atualidade, 86% da estrutura mundial de suprimento de energia estão fundamentadas em carvão, petróleo e gás natural, sendo as energias nuclear e hidrelétrica responsáveis por quase todo o restante. Nos países menos desenvolvidos, os principais combustíveis ainda são o carvão e a lenha. Porém, com o desenvolvimento de sua economia, esses países dependerão mais e mais dos combustíveis fósseis para sua industrialização.

No Brasil, segundo a retrospectiva do *Plano nacional de energia* (PNE) *2030*, publicado em 2007, a produção primária de energia no intervalo de 1970 a 2004 mostrou dois períodos de forte crescimento: na primeira metade da década de 1980, resultante do processo de industrialização, e a partir da segunda metade da década de 1990.

O consumo energético do brasileiro apresentou um perfil de crescimento nas últimas décadas. Os dados do PNE 2030 demonstram um crescimento de consumo de energia elétrica por habitante até o ano de 2001, quando aconteceu o racionamento de energia. Nessa época os níveis de consumo caíram, e o crescimento foi retomado em 2003. No entanto, em 2004 o consumo *per capita* ainda era semelhante ao observado em 1996.

A humanidade ainda é dependente dos combustíveis fósseis para manter o estilo de vida atual, e as reservas mundiais indicam que esse combustível dominará a economia por pelo menos mais quarenta anos.

Manter o bem-estar individual e o coletivo sem criar novos conflitos políticos é do interesse de todos. Além disso, é necessário resgatar a importância de desenvolver um estilo de vida que seja menos dependente de combustíveis não renováveis. A associação de combustíveis fósseis a outras fontes de energia, aliada ao uso de equipamentos e máquinas mais eficientes, é importante para a proteção do ambiente e para a manutenção da vida no planeta. Trabalhar nessa direção é um direito e um dever de cada cidadão.

Plataforma de petróleo na baía de Guanabara, no Rio de Janeiro (RJ), em 2009.
Ismar Ingber/Pulsar Imagens

PARTE 2

Os fósseis, o átomo e a água

CAPÍTULO 2

Energia dos combustíveis de origem fóssil

PETRÓLEO

O petróleo é um combustível fóssil, originado provavelmente de restos de vida aquática animal acumulados no fundo de oceanos primitivos e cobertos por sedimentos. O tempo e a pressão do sedimento sobre o material depositado no fundo do mar transformaram-no em massas homogêneas viscosas de coloração negra, denominadas jazidas de petróleo.

Os registros históricos da utilização do petróleo remontam a 4000 a.C. Os povos da Mesopotâmia, do Egito, da Pérsia e da Judeia já utilizavam o betume para pavimentação de estradas, calefação de grandes construções, aquecimento e iluminação de casas, lubrificação e até como laxativo.

Os egípcios utilizavam o petróleo como um dos elementos para embalsamar os mortos, além de empregarem o betume na união dos gigantescos blocos de rocha das pirâmides.

No continente americano, os incas e os astecas conheciam o petróleo e, assim como os mesopotâmicos, empregavam-no na pavimentação de estradas.

Geralmente, o petróleo aproveitado pelas civilizações antigas era aquele que aflorava à superfície do solo. Uma das peculiaridades do petróleo é a migração, ou seja, se ele não encontrar formações rochosas que, por serem impermeáveis, o prendam, sua movimentação no subsolo será constante, com a consequente possibilidade de aparecer à superfície.

A primeira exploração de petróleo ocorreu na França, em 1742, na região da Alsácia, quando foram perfurados poços que não ultrapassavam 30 m de profundidade. No entanto, considera-se como marco zero da industrialização do petróleo o ano de 1859, quando Edwin Drake descobriu esse óleo em Titusville, nos Estados Unidos, a uma profundidade de 21 m, utilizando um equipamento semelhante a um bate-estaca. Ele montou uma refinaria rudimentar que produzia querosene, combustível de extrema importância na época, usado principalmente na iluminação de casas. Naquele tempo, a gasolina era considerada um subproduto indesejável, pois quase não tinha aplicação prática, sendo até descartada. No fim do século XIX, já existiam plataformas marítimas de perfuração, refinarias e petroleiros transoceânicos em várias partes do mundo.

Em 1908, entrou no mercado o veículo Ford Modelo T, e já em 1911 as vendas de gasolina superaram as de querosene, sobretudo por dois motivos: popularizava-se o transporte rodoviário e a iluminação elétrica se expandia, usando-se menos querosene. Com o início da Primeira Guerra Mundial, a fabricação de veículos foi intensificada, acelerando ainda mais o processo de utilização do petróleo e de seus subprodutos.

A partir de 1920, os transportes terrestres, marítimos e aéreos passaram a consumir quantidades cada vez maiores do novo combustível.

Em 1930, surgiu a indústria petroquímica, tendo como base o petróleo para fabricar numerosos produtos. Nessa época, o subproduto indesejável passou a ser o querosene, então pouco utilizado. Apenas com o advento dos aviões a jato, em 1939, esse combustível voltou a ser amplamente consumido.

Dessa forma, a indústria de refino teve um impulso fenomenal, garantindo o abastecimento de milhares de veículos e o funcionamento dos parques industriais. A gasolina passou a ser o principal derivado do petróleo, enquanto ocorria uma ampliação do sistema de estradas, exigindo mais asfalto. Em 1938, 30% da energia consumida no mundo provinham do petróleo.

Mas as duas crises sucessivas do petróleo, em 1973 e 1979, levaram a uma reconsideração da política internacional em relação a esse produto, e os países dependentes dele intensificaram a busca de fontes de energia alternativas.

Segundo dados do relatório *BP Statistical Review of World Energy*, de junho de 2013, as reservas provadas de petróleo no Brasil eram de 15,3 bilhões de barris em 2012. O mesmo documento revela que a produção de petróleo no planeta está na casa dos 86,15 milhões de barris/dia. Só os Estados Unidos consumiram – em 2012 – 19,8% do total produzido no mundo, enquanto a China teve um consumo médio de 11,7% desse total. Nesse *ranking*, o Brasil ficou em sexto lugar, consumindo 3% do total de petróleo produzido no mundo.

O Brasil, com suas atuais reservas provadas de petróleo, ocupa a 16ª posição nesse *ranking*. Ressalte-se que as reservas provadas de petróleo e gás natural do Brasil perfazem 15,1 bilhões de **barris de óleo equivalente**.

Porcentagem das fontes de energia na matriz mundial

Origem da energia	Participação atual na matriz mundial
Petróleo	39%
Carvão	124,5%
Gás natural	122,5%
Hidreletricidade	7%
Eletricidade de origem nuclear	6,5%
Eletricidade de fontes renováveis	0,5%

Fonte: Organizado pela autora, 2012.

Exploração do petróleo

As bacias sedimentares são regiões que apresentam formações geológicas de considerável espessura compostas de sedimentos. São estudadas por geólogos e geofísicos, a fim de estabelecer onde devem ser perfurados poços para a exploração de petróleo. Após muitos testes e pesquisas, decide-se a localidade da perfuração, surgindo, então, o poço pioneiro.

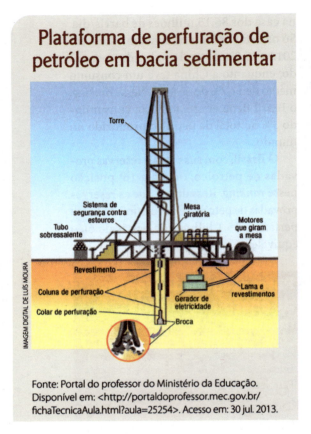

Plataforma de perfuração de petróleo em bacia sedimentar

Fonte: Portal do professor do Ministério da Educação. Disponível em: <http://portaldoprofessor.mec.gov.br/fichaTecnicaAula.html?aula=25254>. Acesso em: 30 jul. 2013.

Uma perfuração mobiliza numerosos equipamentos e dezenas de profissionais especializados, entre os quais eletricistas, mecânicos, sondadores, plataformistas, guincheiros e engenheiros.

O trabalho de perfuração dura dia e noite até atingir a profundidade predeterminada – 800 m, 1 000 m, 5 000 m ou até 8 000 m, no caso do pré-sal.

Na plataforma continental, ou seja, na exploração marítima de petróleo, utilizam-se plataformas de aço fixadas no fundo do mar ou navios-sonda.

As plataformas mais comuns são do tipo autoelevatório, constituídas basicamente de uma balsa equipada com estrutura de apoio, ou pernas, que, acionadas mecânica ou hidraulicamente, movimentam-se para baixo até atingir o fundo do mar. Em seguida, inicia-se a elevação da plataforma acima do nível da água, a uma altura segura e fora da ação das ondas. Essas plataformas são móveis, sendo transportadas por rebocadores ou por propulsão própria. Destinam-se à perfuração de poços exploratórios na plataforma continental, em lâminas d'água que variam de 5 m a 130 m.

Os navios-sonda são semelhantes a navios convencionais, com a característica de possuírem uma abertura pela qual é feita a perfuração.

Uma plataforma petrolífera é uma grande estrutura usada na perfuração em alto-mar que abriga trabalhadores e as máquinas necessárias para a perfuração de poços no leito do oceano para a extração de petróleo e/ou gás natural, processando os fluidos extraídos e levando os produtos, de navio, até a costa. Dependendo das circunstâncias, a plataforma pode ser fixada no chão do oceano, ou consistir numa ilha artificial ou, ainda, flutuar.

As perfurações no mar apresentam custos no mínimo duas vezes mais altos, mas produzem mais. O Brasil é um exemplo dessa situação em que os poços marítimos produzem muito mais do que os terrestres, com um grande potencial exploratório, como acontece com o pré-sal.

O sistema de extração do petróleo aproveita os poços exploratórios construídos na fase de pesquisa, além daqueles efetivamente desenvolvidos após a descoberta do óleo e visando à produção. A extração é influenciada pela quantidade de gás acumulado na jazida. Se ela for grande, poderá empurrar o óleo até a superfície, sem necessidade de bombeamento, bastando instalar uma tubulação que comunique o poço com o exterior. Se

Plataformas de sistema de produção de petróleo em alto-mar

Fonte: Ministério do Meio Ambiente/Ibama (Instituto Brasileiro do Meio Ambiente e dos Recursos Naturais Renováveis). Disponível em: <http://www.ibama.gov.br/licenciamento/modulos/arquivo.php?cod_arqweb=NTResid>. Acesso em: 18 out. 2013.

a pressão do gás for fraca ou nula, será preciso auxílio de bombas de extração. Mesmo assim, quase 50% do petróleo existente fica retido no fundo da jazida, não sendo possível extraí-lo totalmente.

Após a extração, o petróleo é encaminhado a refinarias, onde é processado para a obtenção de uma grande variedade de derivados: gás liquefeito, gasolina, nafta, óleo *diesel*, querosene para iluminação, querosene para aviões a jato, óleos combustíveis, asfalto, lubrificantes, solventes, parafinas, coque de petróleo e resíduos.

Os impactos ambientais causados pela exploração de petróleo assemelham-se àqueles que ocorrem em construções de grande porte, como hidrelétricas. Essas grandes construções rompem o equilíbrio natural e promovem o desaparecimento de espécies vegetais e animais existentes na região.

A exploração de petróleo pode ainda contaminar o ambiente com gases tóxicos, vazamento de solventes orgânicos, emissão de calor, além de apresentar um alto risco de explosões. Todos esses fatores afetam não só a fauna e a flora, como também expõem ao perigo as pessoas que trabalham no local ou moram nas proximidades.

A plataforma petrolífera Deepwater Horizon, da British Petroleum, que explodiu e afundou em abril de 2010 no Golfo do México, liberou quase 160 000 L de óleo por dia e foi protagonista de uma das maiores catástrofes ambientais de todos os tempos.

Petróleo no Brasil

A exploração de petróleo no Brasil pode ser dividida em duas fases: antes e depois da criação da Petrobras.

O primeiro jato de petróleo brasileiro jorrou no dia 21 de janeiro de 1939, em Lobato, bairro da periferia de Salvador (BA).

A primeira refinaria do Brasil foi a Destilaria Rio-Grandense de Petróleo, instalada em 1933 em Uruguaiana (RS), abastecida com o produto comprado na Argentina. Em 1936, entrou em operação uma pequena refinaria em São Caetano do Sul (SP), das Indústrias Matarazzo, seguida, em 1937, da Refinaria Ipiranga, em Rio Grande (RS).

Em 1938, o governo Getúlio Vargas proibiu a exploração de petróleo por estrangeiros e criou o Conselho Nacional de Petróleo (CNP). O órgão seria responsável pela supervisão do abastecimento e pela política de preços, armazenamento e transporte do produto.

Em 1941, foi instalado o primeiro campo comercial de petróleo, em Candeias, no Recôncavo Baiano, e no ano

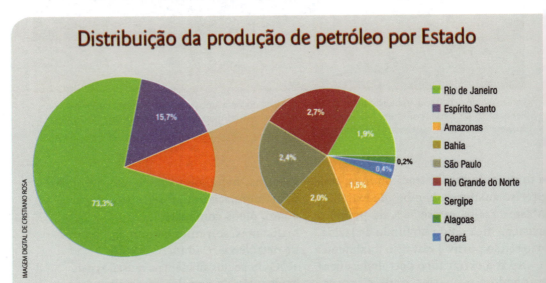

Fonte: BRASIL. Agência Nacional do Petróleo, Gás Natural e Biocombustíveis (ANP). *Boletim da produção de petróleo e gás natural*, dez. 2011. Disponível em: <www.anp.gov.br/?dw=59164>. Acesso em: 25 jul. 2013.

seguinte os de Aratu e Itaparica, também na Bahia. O primeiro oleoduto brasileiro começou a operar em 1949, na mesma região.

Em 1950, ocorreu uma sucessão de fatos importantes: a descoberta do campo de Água Grande (BA), a inauguração da Refinaria Landulpho Alves, em Mataripe (BA), a aquisição do primeiro petroleiro brasileiro, de 16 000 t, e a inclusão da plataforma continental no território brasileiro. O oleoduto Santos-São Paulo começou a funcionar em 1951.

A industrialização do petróleo no Brasil começou tardiamente, em 1953, com a criação da Petrobras.

A mesma lei que criou a Petrobras estabeleceu o monopólio estatal de pesquisa, lavra, refino e transporte de petróleo, estendido, em 1963, à sua comercialização e importação, ou seja, somente o governo brasileiro poderia exercer essas atividades em todo o território nacional.

Por causa da inexpressividade da produção de petróleo nas bacias terrestres, a Petrobras lançou-se na exploração da plataforma continental, ocorrendo em 1968 a primeira descoberta comercial no Campo de Guaricema (SE) e, em 1974, a identificação da Bacia de Campos (RJ), que dobrou as reservas brasileiras.

O PRÉ-SAL

Os primeiros indícios da existência de pré-sal na Bacia de Santos (SP) apareceram em 2005, quando as análises do segundo poço do bloco BM-S-11 (Tupi) indicaram volumes recuperáveis entre 5 bilhões e 8 bilhões de barris de petróleo e gás natural.

O termo "pré-sal" é usado para definir as camadas rochosas que ocorrem abaixo de uma espessa camada de sal na plataforma continental brasileira, diferentemente das descobertas petrolíferas que ocorrem acima do sal, ou seja, pós-sal.

Pré-sal, do ponto de vista geológico, são áreas cujos sedimentos foram acumulados antes do sal e, dessa forma, são mais antigas que o sal.

As descobertas do pré-sal foram possíveis graças aos levantamentos sísmicos de alta resolução realizados pela Petrobras e ao desenvolvimento de tecnologia específica. Os resultados desses trabalhos possibilitaram aos especialistas brasileiros deduzir o que poderia existir abaixo da camada salina, que alcança mais de 2 000 m de espessura, em vários trechos.

A região da província petrolífera chamada pré-sal localiza-se na plataforma continental brasileira e estende-se do litoral do Espírito Santo até Santa Catarina, abrangendo aproximadamente 149 000 km². Os limites dessa área foram definidos com base em interpretações geológicas, e poderão ser alterados com a obtenção de novos dados de poços que vierem a ser perfurados e a disponibilidade de novos dados sísmicos.

O pré-sal representa cerca de 2% do total das bacias sedimentares brasileiras, que somam 6,4 milhões de km², incluindo as bacias terrestres e marítimas. Ainda assim, o potencial petrolífero dessa camada é imenso.

A espessura da lâmina d'água na região de ocorrência das rochas do pré-sal varia entre 800 m e 3 000 m, sendo classificada como "águas profundas" ou "águas ultraprofundas". Nessas condições, poucas empresas no mundo possuem tecnologia para executar as atividades de exploração e produção, sendo uma delas a Petro-

Província do pré-sal – 2009

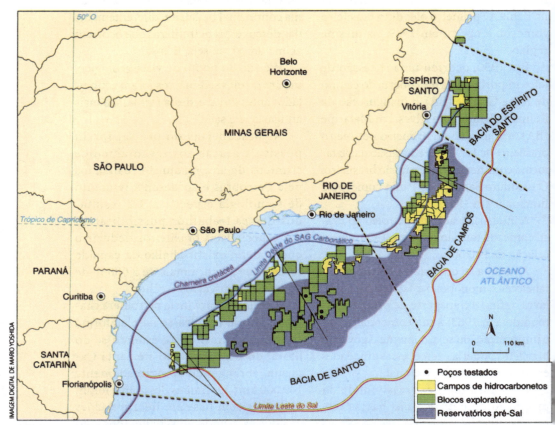

A linha em roxo representa a Charneira cretácea, a linha em azul o Limite Oeste do SAG Carbonático, e a linha em vermelho o Limite Leste do sal. Os polígonos em azul, verde e amarelo representam, respectivamente, os reservatórios do "pré-sal", os blocos exploratórios sob concessão, e os campos de desenvolvimento ou produção sob concessão.

Fonte: PAPATERRA, Guilherme Eduardo Zerbinatti. *Pré-sal:* conceituação geológica sobre uma nova fronteira exploratória no Brasil. Dissertação (Mestrado em Geologia) – Instituto de Geociências, Universidade Federal do Rio de Janeiro, Rio de Janeiro, 2010. Disponível em: <http://ppgl.geologia.ufrj.br/media/pdfs/Guilherme_Papaterra_Mestrado.pdf >. Acesso em: 26 jul. 2013.

bras. Apenas algumas poucas empresas privadas, líderes no setor, como Shell, ExxonMobil, British Petroleum, Devon, Anadarko, Eni, Kerr-McGee, Chevron, além da estatal norueguesa Statoil, dispõem de capacidade para operar a essa profundidade.

Os limites de exploração do pré-sal são estabelecidos por lei e poderão ser ampliados no futuro, se novas informações técnicas demonstrarem tal possibilidade.

As principais questões técnicas envolvidas são a grande distância entre a localização das descobertas e a linha de costa (aproximadamente 300 km); a profundidade dos reservatórios (5 000 m a 7 000 m); a espessura da lâmina d'água

(1 500 m a 3 000 m); e a espessura da camada de sal em algumas áreas (aproximadamente 2 000 m). O grande desafio da exploração do pré-sal, porém, é produzir nessas condições técnicas difíceis com o menor custo possível.

O primeiro óleo extraído do pré-sal veio do Campo de Jubarte, em setembro de 2008. Esse campo já produzia óleo pesado do pós-sal no litoral sul do Espírito Santo. Localizado ao norte da Bacia de Campos, na área conhecida como Parque das Baleias, esse reservatório está a uma profundidade de cerca de 4 000 m.

A produção do Teste de Longa Duração (TLD) do prospecto de Tupi, atual Campo de Lula, iniciou-se em 10 de maio de 2008 e somente no fim de 2010 a Petrobras e seus parceiros comerciais começaram a produção em grande escala nos campos do pré-sal. De acordo com a Petrobras, atualmente são extraídos cerca de 120 mil barris/dia de óleo no pré-sal das bacias de Santos e de Campos.

A Petrobras prevê a "fase zero" de exploração do pré-sal, ao priorizar a coleta geral de informações e mapeamento dessas reservas até 2018. Entre 2013 e 2016, está prevista a "fase 1a", com a meta de atingir 1 milhão de barris por dia. Após 2017, terá início a "fase 1b", com incremento da produção e aceleração do processo de inovação. A empresa informa que, a partir desse momento, será projetado o uso intensivo de novas tecnologias especialmente desenhadas para as condições específicas dos reservatórios do pré-sal.

Segundo a Petrobras, não há obstáculo tecnológico para a produção no pré-sal e os investimentos em tecnologia diminuem os custos e aumentam a velocidade de exploração e produção. O tempo médio de perfuração de um poço equivale atualmente a 66% do tempo médio de perfuração de poços entre 2006 e 2007. Considerando que o afretamento (aluguel) de sondas de perfuração é um dos grandes custos de uma empresa de petróleo, essa diminuição no tempo de perfuração contribui para a redução de gastos da exploração.

A previsão é de que a participação do pré-sal na produção de petróleo passará dos atuais 2% para 18% em 2015 e para 40,5% em 2020, de acordo com o Plano de Negócios 2011-2015 da Petrobrás. Hoje, são utilizadas 15 sondas de perfuração equipadas para trabalhar em lâmina d'água acima de 2 000 m de profundidade. Em 2020, esse número chegará a 65. Atualmente, são disponibilizados 287 barcos de apoio. O objetivo da empresa é atingir 568 barcos em 2020.

Várias das reservas recém-descobertas entraram em atividade aproveitando plataformas que já operavam no pós-sal e que foram adaptadas para receber o óleo leve de reservatórios identificados no pré-sal.

Rico subsolo

Nos últimos anos, o Brasil vinha fazendo investimentos crescentes em biocombustíveis, mas uma descoberta sacudiu a política energética nacional: a imensa quantidade de petróleo no pré-sal sob o território marítimo brasileiro. Trata-se de uma camada de subsolo que se encontra sob um estrato de sal, milhares de metros abaixo do fundo do mar.

Até agora, as sondagens indicam que o pré-sal brasileiro se estende por 800 km, do litoral do Espírito Santo ao de Santa

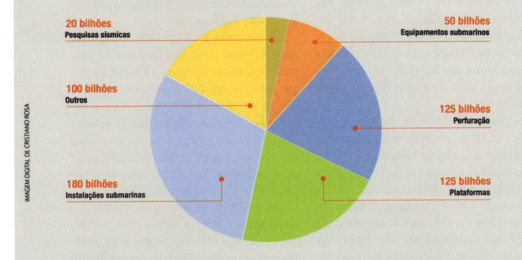

Investimento necessário para a exploração do pré-sal

Chegar ao pré-sal foi difícil, mas o desafio mesmo está em tirar de lá o petróleo e o gás que farão do Brasil o sexto maior detentor de reservas do mundo. Os estudos já disponíveis mostram que serão necessários 600 bilhões de dólares para extrair a maior parte do petróleo que se suspeita existir na ultraprofundidade.

Esses 600 bilhões de dólares estão assim divididos:

- 20 bilhões — Pesquisas sísmicas
- 50 bilhões — Equipamentos submarinos
- 100 bilhões — Outros
- 125 bilhões — Perfuração
- 180 bilhões — Instalações submarinas
- 125 bilhões — Plataformas

IMAGEM DIGITAL DE CRISTIANO ROSA

Fonte: UBS Pactual, Petrobras e Expetro. Disponível em: <: http://fatosedados.blogspetrobras.com.br/category/respostas-a-imprensa/page/20>. Acesso em 15 out. 2013.

Catarina, com uma largura que chega a 200 km e que pode conter 1,6 trilhão de m³ de gás e óleo. Se isso for confirmado, o Brasil passa a ter uma das maiores reservas de petróleo do mundo, a maior fora do Oriente Médio. O governo brasileiro anunciou que as receitas obtidas com os combustíveis extraídos do pré-sal serão destinadas majoritariamente à educação e a programas de combate à pobreza.

Entretanto, duas questões permanecem em aberto. A primeira delas é que ainda não existe tecnologia adequada para extrair de forma proveitosa o petróleo e o gás da camada pré-sal. As tentativas feitas até hoje frustraram as expectativas. Será necessário um investimento de mais de R$ 0,5 trilhão para extrair todo o combustível. O segundo ponto delicado é a batalha entre os estados pela divisão dos *royalties* das futuras extrações. Os estados produtores querem mais recursos, alegando que são mais impactados pelas operações, enquanto os demais defendem uma divisão equitativa.

GÁS NATURAL

O gás natural é um combustível fóssil em forma gasosa, que contém principalmente

Camadas do pré-sal

1. **PLATAFORMAS***
   Serão 50, ao custo unitário de 2,5 bilhões de dólares. Cada uma leva quatro anos para ficar pronta.

2. **RISERS E OUTROS DUTOS FLEXÍVEIS**
   9 000 km de extensão, o dobro da distância do Oiapoque ao Chuí.

3. **CABOS DE ANCORAGEM**
   Com 2,5 km de comprimento, não poderão ser de aço, porque ficariam tão pesados que afundariam a plataforma.

4. **ÁRVORE DE NATAL**
   Liga o poço aos cabos que chegam à plataforma. Serão 2 000.

5. **DUTOS DE AÇO**
   Do fundo do mar até o petróleo, serão usados 20 000 km de tubos. Enfileirados, dariam meia volta ao mundo.

6. **SONDAS DE PERFURAÇÃO**
   O aluguel de uma sonda custa pelo menos 450 mil dólares por dia. Será necessário furar 2 000 poços.

Fonte: Expetro, Petrobras e UBS Pactual. Disponível em: <http://fatosedados.blogspetrobras.com.br/category/respostas-a-imprensa/page/20>. Acesso em: 15 out. 2013. Adaptado.

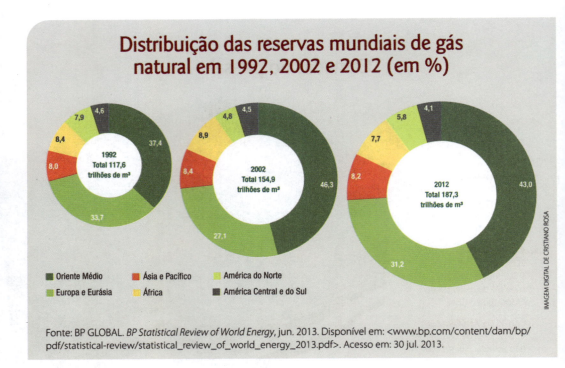

Fonte: BP GLOBAL. *BP Statistical Review of World Energy*, jun. 2013. Disponível em: <www.bp.com/content/dam/bp/pdf/statistical-review/statistical_review_of_world_energy_2013.pdf>. Acesso em: 30 jul. 2013.

carbono e hidrogênio, ocorrendo em jazidas ou depósitos subterrâneos.

Entre os hidrocarbonetos gasosos, o metano (CH_4) é o composto mais abundante.

A exploração do gás natural pode estar associada à de petróleo ou pode partir de jazidas produtoras exclusivas. Em todo o mundo, assim como no Brasil, as primeiras descobertas de gás vieram associadas às descobertas de petróleo.

Esse combustível é responsável por 23% da energia consumida na Terra, sendo superado apenas pelo petróleo e pelo carvão. Os países europeus e da antiga União Soviética consomem 41,2% do gás produzido no mundo.

Na década de 1970, as maiores reservas de gás natural conhecidas no mundo estavam localizadas na antiga União Soviética e na América do Norte, concentrando 48,6% das reservas gasíferas globais. Essas duas regiões eram também as maiores produtoras de gás natural do planeta.

A Europa se abastecia de gás vindo da África, principalmente da Argélia, e do Oriente Médio. Nessa mesma época, o Irã começava a aparecer como um potencial produtor, mas muito distante dos grandes supridores mundiais.

A Ásia e a América Latina eram praticamente inexistentes no mundo do gás, mas Argentina, México e Venezuela despontavam como boas promessas.

No fim do ano 2000, as reservas mundiais provadas de gás atingiram a marca de 160 trilhões de m³, e a maior parte desse crescimento ocorreu nos países menos desenvolvidos, especialmente da antiga União Soviética e do Oriente Médio. As reservas dos países do Oriente Médio, apesar de gigantescas, encontravam dificuldades logísticas e de infraestrutura para chegar aos grandes mercados consumidores. Esses países surgiram como um polo exportador gasífero para o mundo, rivalizando com a supremacia da Rússia, principalmente por meio do desenvolvimento de cadeias de Gás Natural Liquefeito (GNL) para exportação.

África, Ásia e América Latina, por sua vez, fizeram grandes progressos e chegaram a ultrapassar a América do Norte em quantidade de reservas provadas.

Há uma grande concentração de reservas no Oriente Médio, na Europa e na Eurásia. Na última década, grandes descobertas no Oriente Médio tornaram essa região a mais representativa em reservas, posição antes ocupada pela Europa/Eurásia. Ali as reservas de gás concentram-se no Irã (15,3%) e no Qatar (14,4%). Na região denominada "Europa e Eurásia", as maiores reservas provadas se localizam na Rússia, com 27% do total mundial, seguida do Cazaquistão, com cerca de 1,7% do total mundial.

Os gasodutos se tornaram o principal meio de troca internacional de gás natural nos últimos anos. Em 2004, as trocas por gasoduto chegaram a 502 bilhões de m³. Nesse ano, as exportações da Rússia para a Europa Central e Ocidental atingiram 148 bilhões de m³, enquanto no caso do Canadá e dos Estados Unidos, a troca por meio de gasodutos chegou a 102 bilhões de m³. Itália e Espanha são atendidas pela Argélia por meio de gasodutos submarinos. Dessa forma, o GNL perdeu a importância nos dias de hoje, sendo usado apenas naqueles casos em que não existe alternativa, a exemplo do Japão e da Coreia do Sul, que importam o produto do Sudeste Asiático.

Na região da América Latina, a Bolívia detém um volume considerável de reservas de gás natural em relação aos mercados potenciais sul-americanos. No entanto, a instabilidade política e a criação de um imposto adicional sobre a exploração e produção de petróleo e gás natural no país tornam incerto o futuro dessa atividade. Há um desestímulo para investir na exploração do combustível ou desenvolver parcerias com o país, que também é muito dependente economicamente da exportação de petróleo e gás natural.

A Bolívia tem contratos de exportação com o Chile e com o Brasil, tentando negociar aumento de preços com uma consequente deterioração da relação entre os países, além da Argentina, que é o maior mercado consumidor de gás natural da América do Sul.

No início de 2006, iniciaram-se grupos de trabalho entre Venezuela, Brasil e Argentina para estudar a viabilidade de

Reservas provadas de gás natural no Brasil em 31 dez. 2012

Local	Reservas provadas de gás natural (em milhões m³)	Reservas totais de gás natural (em milhões m³)
Terra	71 952,19	140 236,38
Mar	364 478,10	684 821,83
Total	436 430,29	825 058,21

Fonte: BRASIL. Agência Nacional do Petróleo, Gás Natural e Biocombustíveis (ANP). Reservas nacionais de petróleo e gás natural em 31 dez. 2012. Disponível em: <www.anp.gov.br/?pg=42906>. Acesso em: 30 jul. 2013.

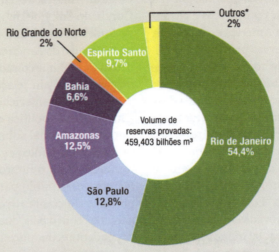

Fonte: BRASIL. Agência Nacional do Petróleo, Gás Natural e Biocombustíveis (ANP). *Anuário estatístico brasileiro do petróleo, gás natural e biocombustíveis*, 2011. Rio de Janeiro: ANP, 2011. Disponível em: <www.anp.gov.br/?dw=57887>. Acesso em: 30 ago. 2013.

um gasoduto chamado Bolivariano, que exportaria gás natural da Venezuela para o Brasil e a Argentina. O volume seria cerca de 150 milhões de m³/dia, sendo três quartos para atender ao mercado brasileiro e um quarto ao argentino. Estimou-se um orçamento preliminar da ordem de US$ 20 bilhões para esse projeto.

As reservas brasileiras de gás natural

As reservas brasileiras de gás natural são bastante modestas e cresceram significativamente entre 1995 e 1997, e de 2002 até 2007. Grande parte delas (cerca de 70%) está associada a jazidas de petróleo, o que manteve a produção do gás subordinada às condições de extração do petróleo. Tal fato foi limitante para a expansão do consumo de gás no Brasil, porém foi superado pelo crescimento da produção de gás não associado.

Os primeiros campos brasileiros de gás natural, em Aratu e em Itaparica (BA), foram descobertos em 1942. Em 1962, iniciou-se a instalação da planta em Catu, e outra unidade na refinaria de Mataripe, ambas também na Bahia, para obtenção do líquido de gás natural. O ano de 1975 caracterizou-se pela consolidação do polo petroquímico de Camaçari (BA) e pela descoberta de jazidas na plataforma continental de Sergipe.

Em 2003, foi descoberta a maior jazida de gás natural na plataforma continental brasileira: o Campo do Mexilhão, na Bacia de Santos.

Atualmente tem-se descoberto gás associado ao petróleo nos estados do Rio de Janeiro, Rio Grande do Norte, Ceará e Espírito Santo, além de minas de gás natural na região do rio Juruá, no Amazonas.

As reservas provadas brasileiras são da ordem de 459,4 bilhões de m³, sendo os maiores depósitos no estado do Rio de Janeiro (54,4%); no estado de São Paulo (12,8%) e no Amazonas (12,5%) [veja gráfico na página anterior]. Segundo dados de 2011 da Agência Nacional do Petróleo, Gás Natural e Biocombustíveis (ANP), a produção está concentrada no Rio de Janeiro (38%), no Amazonas (16,3%) e em São Paulo (14,4%).

A produção de gás vem crescendo sistematicamente, em especial a de gás associado, o que dificulta o aproveitamento desse energético. Para se ter uma ideia, dados de 2005 da ANP revelavam que o Brasil tinha um total de 245 milhões de m³ de gás natural. Já em 2011, esse número saltou para 459,4 bilhões de m³.

Até meados da década de 1970, o gás natural não era usado como combustível na maioria dos países, inclusive o Brasil. Após a primeira grande crise energética, os países industrializados passaram a considerá-lo estratégico, e ele entrou na pauta das fontes de energia utilizadas. Os países menos industrializados só foram considerar o gás natural uma fonte de energia estratégica a partir da terceira crise mundial do petróleo, na década de 1990. No Brasil, o mercado de gás natural vem crescendo largamente, impulsionado sobretudo pelo setor industrial, o mais afetado na crise energética de 2001.

CARVÃO MINERAL

O carvão mineral é uma mistura de hidrocarbonetos formada pela decomposição de matéria orgânica. Essa matéria orgânica é composta de troncos, raízes, galhos e folhas de árvores gigantes que cresceram há 250 milhões de anos em pântanos rasos e, após morrerem, depositaram-se no fundo lodoso e ficaram encobertas, sob determinadas condições de temperatura e pressão. A qualidade do carvão mineral estabelece sua classificação:

TURFA: com baixo conteúdo carbonífero, que constitui um dos primeiros estágios do carvão, com teor de carbono na ordem de 45%;

LINHITO: com teor de carbono que varia de 60% a 75%;

CARVÃO BETUMINOSO (HULHA): mais utilizado como combustível, contém entre 75% e 85% de carbono;

ANTRACITO: o mais puro dos carvões, que apresenta um conteúdo carbonífero superior a 90%.

Diferentemente do carvão vegetal – que é obtido após a queima da madeira e costuma ser utilizado como combustível para lareiras, churrasqueiras e fogões a lenha ou abastecer alguns setores da indústria –, o carvão mineral é uma fonte de origem fóssil potencialmente poluente – mas que desempenha um papel fundamental no cenário energético mundial.

Embora o carvão mineral apresente algumas características peculiares, é grande a variedade de produtos que podem ser gerados pelo seu processamento:

Produtos sólidos (bruto ou beneficiado):

- combustível na indústria ou resíduos carbonosos para uso industrial ou domiciliar;
- redutor de minério de ferro: carvão beneficiado para a redução direta ou em baixo forno elétrico, ou coque de alto-forno;

- matéria-prima industrial: resíduo carbonoso usado na produção de carvão ativo, carvão para eletrodos e acetileno;
- subprodutos: enxofre e cinzas.

Produtos líquidos (liquefação):

- para usos diversos, como benzeno, tolueno, xileno, piridina, antraceno, fenóis, cresóis, creosoto, piche, metanol, gasolina, óleos combustíveis e lubrificantes.

Produtos gasosos (gaseificação):

Liquefação do carvão

A transformação do carvão sólido em líquido é um processo antigo, experimentado pela primeira vez por cientistas alemães durante a Segunda Guerra Mundial. Dispendioso e complicado, foi abandonado por décadas. O minério deve ser aquecido a altíssimas temperaturas e logo receber injeção de hidrogênio. Assim, obtêm-se *diesel*, nafta (um derivado petroquímico) e querosene. O processo é altamente poluente e voraz no consumo de água. Recentemente foi inaugurada uma unidade gigantesca de liquefação de carvão mineral na cidade chinesa de Ordos, onde foram investidos € 3 bilhões. A China é o maior produtor de carvão do mundo e também seu maior consumidor, tendo esse combustível como sua principal fonte de energia (80%).

Gaseificação do carvão

A gaseificação do carvão mineral é praticada desde a primeira metade do século XIX e tem a finalidade de convertê-lo em combustível sintético de aplicação direta na produção de energia.

Feita mediante diversos processos industriais, baseia-se em princípios bem conhecidos e consiste numa sequência de transformações termoquímicas.

As reações básicas são: secagem, pirólise, oxidação e redução.

Dentro desse esquema, a tecnologia da gaseificação em leito fluidizado constitui uma boa alternativa no manejo racional do carvão mineral. Definida como a produção de gás energético por meio da oxidação parcial de combustível sólido, mantido suspenso por escoamento ascendente de ar e/ou vapor de água a alta temperatura, a gaseificação apresenta diversas vantagens em relação à queima direta ou combustão. O gás, produto da gaseificação, é constituído essencialmente por gases combustíveis (monóxido de carbono, hidrogênio e metano), dióxido de carbono, nitrogênio e vapor de água. Além desses elementos, podem estar presentes pequenas quantidades de outras substâncias, como alcatrão, material particulado e gases poluentes de composições variadas, de acordo com as características próprias do processo e do combustível gaseificado.

O Brasil já domina a gaseificação, e o futuro do carvão nacional dependerá dessa tecnologia, considerando o teor de cinzas (26%) e o de rejeito (67%) do carvão retirado da mina, que, além de não ser aproveitado, é poluente.

COMBUSTÍVEL: gás de baixo, médio ou alto poder calorífico, para uso industrial ou domiciliar;

REDUTOR: para a redução direta, via gasosa, do minério de ferro;

SÍNTESE: para a síntese de amônia, metanol ou produtos químicos diversos.

O carvão mineral apresenta diversos fatores que favorecem o seu emprego como fonte de energia, entre eles a sua vasta disponibilidade geográfica, suas grandes reservas e a facilidade de transporte e estocagem próximo aos grandes centros consumidores. Está presente em várias formas e depende de condições climáticas para ser explorado, como é o caso das energias eólica e hidrelétrica. Devido a seu alto potencial poluidor em todas as fases do processo (exploração, produção, utilização e disposição de resíduos), requer investimento em tecnologias limpas para a minimização dos riscos de contaminação e para a prevenção de acidentes ambientais. Os riscos inerentes à atividade de mineração, transporte e processamento do carvão também devem ser considerados, pois elevam o potencial de exposição humana a agentes cancerígenos, a altas temperaturas e a incêndios.

O investimento para a extração do carvão é cerca de cinco vezes inferior ao investimento necessário à extração do gás natural e cerca de quatro vezes inferior ao investimento para extração do petróleo.

O transporte de carvão é vantajoso por não necessitar de dutos de alta pressão ou rotas dedicadas.

A combustão direta do carvão para produção de vapor foi a principal alavanca para o progresso da humanidade em direção à industrialização.

As máquinas a vapor, alimentadas pelo carvão, surgiram em meados de 1700 e foram aperfeiçoadas por James Watt, que

Reservas mundiais de carvão em 1992, 2002 e 2012 (em %)

Fonte: BP GLOBAL. *BP Statistical Review of World Energy*, jun. 2013. Disponível em: <www.bp.com/content/dam/bp/pdf/statistical-review/statistical_review_of_world_energy_2013.pdf >. Acesso em: 30 ago. 2013.

passou a construí-las comercialmente em Birmingham, na Inglaterra, de 1774 a 1800.

Apesar do fato de as máquinas a vapor terem sofrido grandes melhorias no decorrer do tempo, os princípios básicos estabelecidos por Watt permaneceram inalterados. Atualmente, a combustão direta do carvão é usada principalmente em usinas termelétricas. Essa tecnologia está bem desenvolvida e é economicamente competitiva, sendo a preferida no mundo todo para a geração de eletricidade. De construção simples e rápida, as usinas podem ser instaladas próximo a centros de consumo.

Informações do relatório *International Energy Outlook* 2005, da U.S. Energy Information Administration, dão conta de que o carvão é o combustível fóssil com a maior disponibilidade no mundo. Segundo a World Coal Association, a produção total mundial de carvão atingiu um nível recorde de 7,678 milhões de toneladas em 2011, um aumento de 6,6% em relação a 2010. A taxa de crescimento média anual de produção de carvão desde 1999 foi de 4,4%. Na primeira década deste século (dados de 2011), os maiores produtores mundiais de carvão mineral foram: China (45,7%), Estados Unidos (12,9%), Índia (7,6%), Austrália (5,4%),

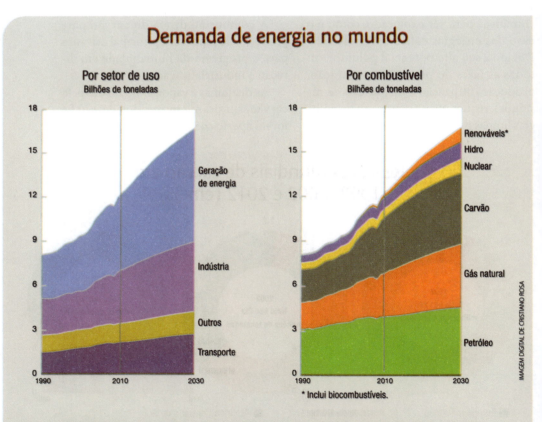

Fonte: BP GLOBAL. *BP Energy Outlook 2030*. Disponível em: <www.bp.com/liveassets/bp_internet/globalbp/globalbp_uk_english/reports_and_publications/statistical_energy_review_2011/STAGING/local_assets/pdf/BP_World_Energy_Outlook_booklet_2013.pdf>. Acesso em: 29 jul. 2013.

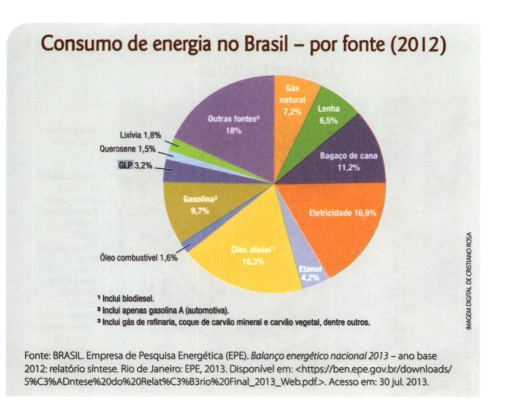

Fonte: BRASIL. Empresa de Pesquisa Energética (EPE). *Balanço energético nacional 2013* – ano base 2012: relatório síntese. Rio de Janeiro: EPE, 2013. Disponível em: <https://ben.epe.gov.br/downloads/S%C3%ADntese%20do%20Relat%C3%B3rio%20Final_2013_Web.pdf.>. Acesso em: 30 jul. 2013.

Rússia (4,3%), Indonésia (4,3%), África do Sul (3,3%) e Alemanha (2,4%).

Carvão no Brasil

No Brasil, de acordo com o Ministério de Minas e Energia (MME), linhito e carvão sub-betuminoso podem ser encontrados em vários estados, como Minas Gerais, São Paulo, Bahia, Pernambuco, Piauí, Maranhão, Pará, Amazonas e Acre. No *ranking* de produção no país, segundo o MME, encontra-se o estado do Rio Grande do Sul como maior produtor, com 65% da produção total, seguido por Santa Catarina com 33,7% e pelo Paraná com 1,4%. O valor total da receita bruta no ano de 2011 pelas carboníferas foi de R$ 924,23 milhões, 20,2% maior que o atingido em 2010.

A principal jazida brasileira é a de Candiota, no sul do Rio Grande do Sul. No mesmo estado, na região central, existem jazidas cujo carvão admite beneficiamento para fabricação de produtos de maior valor agregado e viabilidade econômica de transporte a curta distância. Dentre elas, destacam-se Charqueadas, Leão, Iruí e Capané.

Ainda no Rio Grande do Sul, entre Porto Alegre e o litoral, encontram-se as jazidas de Morungava/Chico Lomã e Santa Terezinha, com aproximadamente 16% das reservas medidas do país. Trata-se de um carvão de melhor qualidade.

O Departamento Nacional de Produção Mineral (DNPM) divulgou um relatório com informações sobre a produção do minério no país. Em 2011, a produção beneficiada de carvão mineral no Brasil foi de 5,96 milhões de toneladas, com

Usina termelétrica

Termelétrica a carvão
1 – Transportador de carvão
2 – Alimentador
3 – Pulverizador
4 – Caldeira
5 – Cinzeiro
6 – Pré-aquecedor de ar
7 – Precipitador eletrostático
8 – Chaminé
9 – Turbina
10 – Condensador
11 – Transformador
12 – Torres de resfriamento
13 – Gerador
14 – Linhas de transmissão

Fonte: BHASKER, C. *Simulation of three dimensional flows in industrial components using CFD techniques*. Disponível em: <www.intechopen.com/books/computational-fluid-dynamics-technologies-and-applications/simulation-of-three-dimensional-flows-in-industrial-components-using-cfd-techniques>. Acesso em: 30 jul. 2013.

acréscimo de 3,8% em relação a 2010. Para o governo, o resultado deveu-se a uma demanda aquecida tanto do setor térmico como do industrial, às melhorias de lavra e aos avanços tecnológicos.

As reservas brasileiras são grandes e de qualidade variada, mas precisam de investimentos pesados em trabalhos de prospecção e infraestrutura para a recuperação do mineral. Além disso, são necessários investimentos em pesquisa para o desenvolvimento de tecnologias mais limpas, que possam minimizar os impactos ambientais causados em todas as etapas do processo produtivo e no consumo de carvão.

Como não há, até o momento, uma política estabelecida de investimentos nesse setor, o Brasil importa carvão mineral de grandes produtores.

O coque de carvão mineral e o carvão vegetal, dentre outros, constituem importantes fontes de consumo de energia no Brasil – 18% do total – como demonstra o gráfico da página anterior.

Usina termelétrica

A usina termelétrica é assim denominada por agregar dois processos ou etapas: a térmica, em que se produz muito vapor a altíssima pressão, e a elétrica, em que se produz eletricidade.

Esse tipo de usina ocupa grandes superfícies, cerca de 4 km², excluindo-se instalações de armazenamento e vias de acesso. A própria infraestrutura – com corredores para os fios de alta tensão, chaminés, torres de resfriamento, trechos de acesso e de eliminação de resíduos – apresenta altos riscos potenciais ao meio ambiente e aos operários.

A melhoria do processo de combustão poderia reduzir as emissões de monóxido de carbono e nitrogênio, com a dessulfurização dos gases de combustão ou a utilização de carvão com baixo teor de enxofre. Além disso, o calor residual da usina poderia ser aproveitado em suas proximidades, para evitar perdas energéticas, como no aquecimento de caldeiras, na movimentação de motores etc.

XISTO BETUMINOSO E PIROBETUMINOSO

O xisto, cuja denominação científica é folhelho, corresponde a uma camada de rocha sedimentar originada em temperatura e pressão elevadas, que contém matéria orgânica em seu meio mineral. Existem dois tipos de xisto, classificados pela forma como a matéria orgânica está disseminada em seu interior: o xisto betuminoso e o pirobetuminoso.

No caso do xisto betuminoso, a matéria orgânica (betume) é quase fluida, sendo facilmente extraída; no xisto pirobetuminoso, a matéria orgânica (querogênio), que depois será transformada em betume, é sólida à temperatura ambiente.

O xisto betuminoso possui qualidades do carvão e do petróleo e é uma variedade carbonífera mais nova que a hulha. Ao se usar a destilação fracionada, a seco, produz gasolina, gás combustível, enxofre etc. Essa destilação, no entanto, não convém, uma vez que se trata de um processo poluente e economicamente desvantajoso.

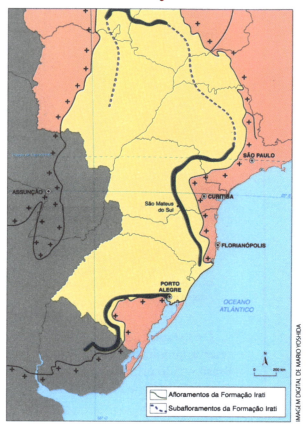

Afloramentos e subafloramentos da Formação Irati

Fonte: LISBOA, Álissa Carvalho; AZEVEDO, Débora de Almeida; GONÇALVES, Félix Thadeu Teixeira e LANDAU, Luís. *Aplicação da geoquímica orgânica no estudo dos folhelhos oleígenos neopermianos da Formação Irati – borda leste da Bacia do Paraná – São Paulo, Brasil.* 3º Congresso Brasileiro de P&D em Petróleo e Gás, 2005. Disponível em: <www.portalabpg.org.br/PDPetro/3/trabalhos/IBP0304_05.pdf>. Acesso em: 30 jul. 2013.

Ocorrência de xisto no Brasil

O óleo de xisto refinado é idêntico ao petróleo de poço, sendo um combustível muito valorizado.

43

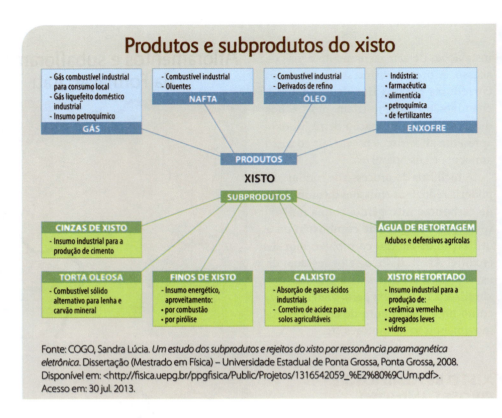

Fonte: COGO, Sandra Lúcia. *Um estudo dos subprodutos e rejeitos do xisto por ressonância paramagnética eletrônica*. Dissertação (Mestrado em Física) – Universidade Estadual de Ponta Grossa, Ponta Grossa, 2008. Disponível em: <http://fisica.uepg.br/ppgfisica/Public/Projetos/1316542059_%E2%80%9CUm.pdf>. Acesso em: 30 jul. 2013.

Os Estados Unidos detêm a maior reserva mundial de xisto, seguidos pelo Brasil – cujo principal depósito fica na Formação Irati, no Paraná.

De acordo com LISBOA et. al., em artigo publicado em 2005, a Formação Irati é considerada uma das mais importantes sequências potencialmente geradoras da Bacia do Paraná. Em território brasileiro, a área aflorante tem a forma de um grande "S", que se inicia no estado de São Paulo e prolonga-se por cerca de 1 700 km, continuamente, até as fronteiras do Brasil com Uruguai e Paraguai. É constituída por folhelhos e carbonatos ricos em matéria orgânica propícia à geração de óleo. Essa formação também concentra um dos maiores recursos mundiais de xisto betuminoso, com reservas potenciais da ordem de 1,9 bilhão de barris de óleo, 25 milhões de toneladas de gás liquefeito, 68 bilhões de m³ de gás combustível e 48 milhões de toneladas de enxofre. Devido ao seu potencial para geração de hidrocarbonetos, desde o século XIX a Formação Irati tem sido objeto de diversos trabalhos técnicos e científicos. Apesar da grande quantidade de estudos realizados, ainda não existe um entendimento claro dos fatores que controlaram a existência e a distribuição das ocorrências de petróleo associadas a essa formação.

Os impactos ambientais ocasionados pela exploração de xisto são: poluição hídrica, emissões gasosas de enxofre e alto risco de combustão espontânea dos resíduos remanescentes da rocha sedimentar após o processamento para a retirada do

Fonte: DYNI, John R. *Geology and Resources of Some World Oil-Shale Deposit*. Scientific Investigation Report 2005-5294. U.S. Department of the Interior. U.S. Geological Surveys, 2005. Disponível em: <http://pubs.usgs.gov/sir/2005/5294/pdf/sir5294_508.pdf>. Acesso em: 29 jul. 2013.

combustível. Como requer mineração, todos os riscos dessa atividade estão presentes na exploração.

Os reservatórios mundiais de xisto betuminoso alcançam 409 bilhões de toneladas ou 2,9 trilhões de barris norte-americanos. Essa é uma avaliação mínima, já que muitos depósitos não foram estudados ou ainda não foram totalmente explorados.

CAPÍTULO 3

Energia nuclear

A geração de eletricidade por meio de energia nuclear é essencial quando não se não dispõe de recursos hídricos aptos à produção de hidroeletricidade. Cerca de trinta países fazem uso dela para essa finalidade – na França e na Lituânia, por exemplo, mais de 70% da eletricidade produzida é de origem nuclear. Essa energia pode ser obtida através da fissão nuclear do urânio, do plutônio ou do tório, ou, ainda, da fusão nuclear do hidrogênio.

A usina nuclear assemelha-se à termelétrica, diferindo desta apenas na forma como o vapor é produzido, e aproveita a energia do urânio e do plutônio. Os dois principais fatores de encarecimento econômico de sua instalação são os altos investimentos necessários e a disponibilidade de combustível (urânio enriquecido).

O urânio é um minério relativamente comum. Mas, para que suas reservas sejam consideradas economicamente atrativas, é preciso avaliar o teor de urânio presente, bem como o custo das alternativas tecnológicas para seu aproveitamento. Atualmente, considera-se viável a exploração de jazidas com custos de obtenção inferiores a US$ 65. O minério de urânio extraído, purificado e concentrado tem a forma de um sal de cor amarela e, por isso, é chamado de *yellowcake*.

Esse minério é a base do combustível que vai gerar calor para a usina nuclear transformar em eletricidade. Para que isso aconteça, ele precisa sofrer um processo que passa por várias etapas. Primeiro, é transformado em gás e depois enriquecido, ou seja, tem a sua capacidade de gerar energia aumentada.

Com pouco enriquecimento, o urânio é combustível para usinas de produção de energia elétrica. Com enriquecimento médio, funciona como combustível para submarinos. O Brasil só admite seu interesse nessas duas possibilidades, reiterando constantemente que abdica do alto enriquecimento, destinado à produção de bombas nucleares.

O avanço brasileiro e de outros países em desenvolvimento na área de tecnologia nuclear tem causado certa preocupação internacional. O enriquecimento isotópico de urânio com *laser*, pesquisado desde 1981 pelo Instituto de Estudos Avançados (IEAv) do Centro Tecnológico Aeroespacial (CTA), em São José dos Campos (SP), tem diversas aplicações, que vão do desenvolvimento de combustível para reatores de pequeno porte, utilizados em submarinos, à geração de eletricidade por meio de Unidades Autônomas Compactas de Produção de Energia. Segundo o pesquisador Nicolau Rodrigues, da Divisão de Fotônica do IEAv, a técnica, que já atingiu resultados em laboratórios de apenas seis países (Estados Unidos, Inglaterra, França, Japão, Rússia e China), poderá ser aplicada também na produção de radiofármacos (substâncias radioativas para uso no diagnóstico e tratamento de doenças, principalmente câncer) e no desenvolvimento de novos materiais, como ligas metálicas e materiais magnéticos.

No processo de enriquecimento de urânio, aumenta-se a concentração de um de seus isótopos, o U235, que é muito pequena no urânio natural. O isótopo U238 é o mais abundante na natureza (cerca de 99,3%), porém o U235 é mais adequado para produção de energia. Por isso, a maioria dos reatores térmicos atuais opera com urânio enriquecido. Para aumentar a concentração do U235, é preciso obter uma grande quantidade de átomos do isótopo, retirados do urânio natural. Existem alguns métodos de separação de isótopos utilizados ao redor do mundo. Um dos mais conhecidos é a ultracentrifugação, técnica desenvolvida pela Marinha brasileira, utilizada há vários anos pelo Brasil e por outros países. Há também a difusão gasosa, em uso nos Estados Unidos, França e Rússia, que se caracteriza pelo alto consumo de energia durante a operação.

O método de enriquecimento com *laser* desenvolvido no IEAv é considerado hoje o mais indicado, do ponto de vista econômico e ecológico. Isso porque consegue extrair quantidades muito maiores do isótopo U235 a partir do urânio natural, usando menos urânio que os outros métodos e gerando rejeitos em menor quantidade e menos radioativos, o que reduz o risco de vazamento de materiais radioativos ou tóxicos.

A unidade de enriquecimento de urânio de Resende, no Rio de Janeiro, já foi palco de grande polêmica. Com o objetivo de não revelar a tecnologia utilizada em suas centrífugas, o Brasil impôs condições à inspeção da Agência Internacional de Energia Atômica (IAEA, na sigla em inglês).

A Constituição Federal do Brasil, em seu artigo 21, proíbe a utilização da energia nuclear para fins que não sejam exclusivamente pacíficos. Além do Tratado de Não Proliferação de Armas Nucleares (TNP), firmado em 1997, o Brasil também é signatário do Acordo Quadripartite para a Aplicação de Salvaguardas, em vigor desde 1994.

Após o enriquecimento, o urânio é transformado em pó. Em seguida, é moldado em pastilhas cilíndricas com mais ou menos 1 cm de diâmetro e 1 cm de altura. Essas pastilhas de dióxido de urânio (UO_2), depois de pesadas, arrumadas em carregadores e secas em fornos especiais, são colocadas em varetas que vão formar o elemento combustível.

O elemento combustível é a fonte de calor para geração de energia elétrica na usina nuclear, devido à fissão de núcleos de átomos de urânio. Um elemento combustível supre de energia 42 mil residências médias durante um mês. O reator de uma usina como a Angra 1, no estado do Rio de Janeiro, leva 121 elementos combustíveis. Em cada um deles estão alinhadas 235 varetas. Em cada reator são colocadas 11 milhões de pastilhas.

Esquematicamente, o ciclo completo, iniciado depois da descoberta da jazida e de sua avaliação econômica (prospecção e pesquisa), envolve seis passos:

1) Mineração, seguida de beneficiamento. Na usina de beneficiamento, o urânio é extraído do minério, purificado e concentrado no *yellowcake*. No país, essas etapas são realizadas na Unidade de Lagoa Real (BA) das Indústrias Nucleares do Brasil (INB). O teor e a dimensão de suas reservas são suficientes para o suprimento de Angra 1, 2 e 3 por cem anos.
2) Conversão do *yellowcake* (óxido de urânio – U_3O_8) em hexafluoreto de urânio (UF_6) em estado gasoso, após ter sido dissolvido e purificado.
3) Enriquecimento isotópico, que tem como objetivo aumentar a concentração de urânio 235 (U235) acima da natural de apenas 0,7% para 2% a 5%, servindo então como combustível nuclear. Essa etapa e a de conversão ainda não são realizadas no Brasil, e sim na Europa, por um consórcio chamado Urenco. A tecnologia de enriquecimento inclui um processo de centrifugação, em que entra o gás UF_6. O isótopo U235, de interesse, é separado do isótopo U238, mais pesado.
4) Reconversão do gás UF_6 em dióxido de urânio (UO_2) no estado sólido (pó). Esta etapa é realizada em Resende, desde 1999, na Unidade II da Fábrica de Elementos Combustíveis (FEC), da INB.
5) Fabricação das pastilhas de UO_2, também na Unidade II da FEC.
6) Fabricação de elementos combustíveis, por meio da montagem das pastilhas em varetas de uma liga metálica especial, o zircaloy. Esta etapa é realizada na Unidade I da FEC, também localizada em Resende.

De acordo com relatório da IAEA, de março de 2013, existem 437 usinas nucleares em operação no mundo, com capacidade de geração total de 372 613 MW, e 68 usinas em construção. Os Estados Unidos possuem 103 usinas (100,68 MW), seguidos pela França, com 58 (63,13 MW) e pelo Japão, com 50 (44,2 MW).

Quanto às usinas em construção, os países com maiores quantidades são China (28), Rússia (11) e Índia (7).

A energia nuclear deverá desenvolver seus reatores segundo quatro princípios:
• energia sustentável – disponibilidade estendida do combustível, impacto ambiental positivo;
• energia competitiva – custos baixos e períodos de construção mais curtos;
• sistemas seguros e confiáveis – características de segurança inerentes, visando conseguir confiança pública na segurança da energia nuclear;

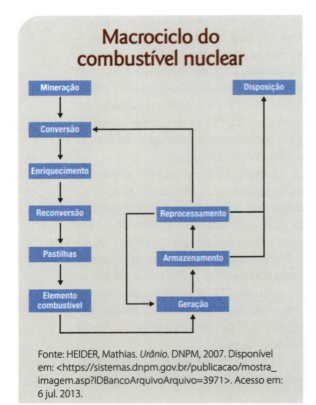

Fonte: HEIDER, Mathias. *Urânio*. DNPM, 2007. Disponível em: <https://sistemas.dnpm.gov.br/publicacao/mostra_imagem.asp?IDBancoArquivoArquivo=3971>. Acesso em: 6 jul. 2013.

Reservas e instalações de urânio no Brasil

Fonte: HEIDER, Mathias. *Urânio*. DNPM, 2007. Disponível em: <https://sistemas.dnpm.gov.br/publicacao/mostra_imagem.asp?IDBancoArquivoArquivo=3971>. Acesso em: 6 jul. 2013.

- resistência à proliferação de armas nucleares.

Na França, o baixo custo da energia nuclear é resultado de suas excepcionais condições de realização do programa nuclear, sem paralelo em nenhum outro país.

Em 2011, a geração de eletricidade francesa foi de 542 bilhões de kWh, e o consumo, de 478 bilhões de kWh. Na última década, a França exportou o excedente de energia elétrica para países como Suíça, Itália, Alemanha, Bélgica e Reino Unido.

Essa situação privilegiada se deve ao governo francês, que em 1974, logo após a primeira crise do petróleo, decidiu expandir rapidamente a capacidade nuclear do país, usando a tecnologia da Westinghouse. Essa decisão foi tomada pelo fato de a França deter um conhecimento substancial de engenharia pesada e alta tecnologia na geração de energia por meio da fissão nuclear, e o recurso natural (urânio) representar pouco no custo total de todo o processo. Como resultado, ela é praticamente autossuficiente em abastecimento de energia elétrica, com um baixíssimo custo para gerá-la, talvez o menor de toda a Europa. Além disso, seu nível de emissão de CO_2 *per capita* para geração de eletricidade é extremamente baixo, já que 90% da eletricidade é proveniente de usinas nucleares e 10% de hidrelétricas.

Em meados de 2010, uma revisão de rotina feita pela Agência Internacional de Energia (IEA, na sigla em inglês) exortou o país a assumir cada vez mais um papel estratégico como fornecedor de energia de baixo custo com baixa emissão de carbono para toda a Europa, em vez de concentrar-se na independência energética que tinha conduzido sua política desde 1973.

Embora a França seja considerada um modelo mundial de geração de energia nuclear com altíssima tecnologia e baixo custo, especialistas no tema comentam que a energia nuclear no país é barata porque o parque nuclear já está amortizado. Construir centrais nucleares novas exige investimentos colossais, da ordem de € 5 bilhões a € 6 bilhões por um reator europeu pressurizado, que representam a maior parte do custo da eletricidade produzida.

Calcula-se, para os países em desenvolvimento, um aumento de 50% nos custos de conclusão de uma central nuclear, em relação aos custos da França. Os valores estimados no Brasil são ainda superiores, não só pela carga tributária para a importação de reatores e equipamentos de alta tecnologia como também pela falta de *know-how* e capacidade interna para operar todas as etapas do processo. A título de exemplo, Angra 3 deverá gerar 1,4 mil MW e tem custo previsto de construção de US$ 7,4 bilhões.

O aproveitamento desse tipo de energia apresenta aspectos importantes:

- As reservas de energia nuclear são muito maiores que as reservas de combustíveis fósseis, já que o urânio é um minério extremamente abundante e amplamente distribuído na crosta terrestre, além de existirem alternativas de minério disponíveis;
- Tanto a energia nuclear como a fóssil apresentam uma perda de energia calorífica de praticamente o dobro da que é transformada em calor. Porém, a energia fóssil produz poluição ambiental, e a nuclear, comparativamente, não;
- Comparadas às usinas de combustíveis fósseis, as usinas nucleares requerem áreas menores;
- As usinas nucleares possibilitam maior autonomia energética para os países que dependem de petróleo e gás estrangeiros;
- Os impactos ambientais causados por uma usina nuclear em operação são, basicamente, o aquecimento da água do mar ou dos rios e a emissão de resíduos tóxicos e radioativos. Além disso, há os riscos inerentes à mineração, ao enriquecimento do urânio e à possibilidade de explosões não nucleares por superaquecimento dos reatores (possível causa do acidente de Chernobyl, em 1986, na Ucrânia, então parte da ex-União Soviética).

Usinas nucleares do mundo (dados de março de 2013)

País	Em funcionamento	Capacidade elétrica total (MW)
Alemanha	9	12 068
Argentina	2	935
Armênia	1	375
Bélgica	7	5 927
Brasil	2	1 884
Bulgária	2	1 906
Canadá	19	13 500
China	18	13 860
Coreia, República da	23	20 739
Eslováquia	4	1 816
Eslovênia	1	688
Espanha	8	7 560
Estados Unidos da América	103	100 680
Federação Russa	33	23 643
Finlândia	4	2 752
França	58	63 130
Hungria	4	1 889
Índia	20	4 391
Irã, República Islâmica do	1	915
Japão	50	44 215
México	2	1 530
Países Baixos	1	482
Paquistão	3	725
Reino Unido	16	9 231
República Tcheca	6	3 804
Romênia	2	1 300
África do Sul	2	1 860
Suécia	10	9 395
Suíça	5	3 278
Ucrânia	15	13 107
Total	437	372 613

Fonte: INTERNATIONAL ATOMIC ENERGY AGENCY (IAEA). *IAEA Bulletin*, n. 54, mar. 2013. Disponível em: <http://issuu.com/iaea_bulletin/docs/nuclearpower_es?e=3664147/2413393>. Acesso em: 30 jul. 2013.

ACIDENTES NUCLEARES

A energia nuclear é uma das fontes de energia mais eficientes e menos poluidoras, além de ser extremamente segura. Apesar disso, acidentes ocorrem e, nesse caso, as consequências são bastante graves. Há uma escala que mede o impacto dos acidentes nucleares e dois deles atingiram o nível máximo: Chernobyl e Fukushima.

Chernobyl, 1986

Em 26 de abril de 1986, houve uma explosão no quarto reator da usina nuclear de Chernobyl, na Ucrânia. Outras explosões se seguiram e o vazamento de material radioativo foi catastrófico. A nuvem de radioatividade cobriu grandes porções da Europa e centenas de milhares de pessoas tiveram de evacuar seus lares e ser reassentadas em áreas seguras.

O Comitê dos Efeitos da Radiação Atômica das Nações Unidas aponta 64 mortes como consequência do desastre de Chernobyl, mas outras fontes sugerem que o número seja muito superior. A usina foi lacrada e uma larga área a seu redor foi interditada permanentemente.

O acidente nuclear de Chernobyl mostrou ao mundo o poder de destruição da energia nuclear da forma mais trágica possível. Originalmente chamada de Vladimir Lenin, a usina foi palco do que é considerado o pior acidente nuclear da história.

Máscaras protetoras em sala abandonada na cidade ucraniana de Chernobyl.

Em 13 de março de 2011, vê-se a fumaça da usina de Fukushima.

A radioatividade se expandiu como uma nuvem, chegando a outras áreas da União Soviética, à Europa Oriental, à Escandinávia e ao Reino Unido. A explosão no reator 4, que espalhou partículas radioativas a 1 000 m de altura, foi considerada cem vezes mais potente do que as bombas lançadas sobre Hiroshima e Nagasaki, no Japão, em 1945.

• Bombeiros, jornalistas, técnicos e operários foram expostos à radioatividade sem proteção ou informação sobre as consequências. Pessoas que tiveram contato indireto com a radiação morreram ao longo dos anos e, oficialmente, apenas na Ucrânia 2,3 milhões de habitantes sofreram com os efeitos do desastre. Grandes áreas da Ucrânia, da Bielorrússia e da Rússia foram muito contaminadas, resultando na evacuação dos arredores da usina e no reassentamento de aproximadamente 200 mil pessoas.

Fukushima, 2011

Em março de 2011, no Japão, um forte terremoto seguido de *tsunami* acarretou uma explosão no reator da usina nuclear de Fukushima, localizada ao norte de Tóquio. O epicentro do terremoto ocorreu no mar, a 130 km do litoral. Segundo o Instituto de Ciências e Segurança Internacional, o acidente foi classificado como de grau 6, numa escala de impacto que vai até 7, o mesmo do desastre de Chernobyl.

No caso de Fukushima, houve superaquecimento dos reatores, explosões e vazamento de radiação para o meio ambiente. Níveis de radiação acima do normal foram detectados mesmo a 40 km da usina, o que levou o governo local a proibir o consumo dos alimentos produzidos nessa área.

Embora sejam consideradas muito seguras, as usinas nucleares apresentam riscos de acidentes. Um significativo impacto ambiental das usinas nucleares é a geração de lixo atômico, extremamente perigoso e para o qual ainda não se descobriu meio de descontaminação.

FISSÃO NUCLEAR

Se um átomo fosse do tamanho de uma sala, seu núcleo não seria maior que um grão de areia. No entanto, essa minúscula partícula é mantida por forças tão poderosas que, quando um núcleo instável como o do urânio se parte – o que acontece na reação por fissão (quebra) –, a energia desprendida por alguns quilos daquele metal equivale à explosão de milhares de toneladas de dinamite.

A fissão do urânio 235, além de dividir o núcleo em duas partes, libera partículas chamadas nêutrons, que podem atingir outro núcleo de urânio 235 e dar sequência ao processo de fissão nuclear, causando o que se denomina reação em cadeia.

Uma reação em cadeia não controlada pode ser utilizada na confecção de bombas atômicas. O local escolhido para o teste da primeira bomba atômica, realizado na madrugada de 16 de julho de 1945, foi o Deserto de Alamogordo, no Novo México, Estados Unidos, numa área batizada de Trinity. Três semanas depois, em 6 de agosto de 1945, a cidade de Hiroshima sofreria um ataque atômico contra uma população civil. Era o início da era nuclear.

Antes disso, em 1942, quando o físico italiano Enrico Fermi realizou, em Chicago, Estados Unidos, a primeira reação nuclear em cadeia de forma controlada, iniciou-se a era do aproveitamento pacífico da energia atômica, na geração de eletricidade.

Uma usina nuclear com capacidade de 1 000 MW necessita de 100 t de urânio natural para dar origem a 35 t de urânio enriquecido. Esse urânio enriquecido é utilizado na produção das pastilhas de dióxido de urânio, encapsuladas em tubos metálicos de zircaloy (uma liga de zircônio), cujo conjunto é denominado "varetas combustíveis".

Simultaneamente à fissão, ocorre no núcleo do reator o processo de transmutação, criando-se, a partir do urânio (que é o mais pesado dos elementos naturais), elementos não naturais transurânicos, como o plutônio. Elementos químicos transurânicos são aqueles subsequentes ao urânio (U) na tabela periódica. Não encontrados na natureza, são criados artificialmente, por meio de uma determinada reação nuclear, usando o urânio 238. A partir da década de 1950, uma série de elementos químicos novos foi descoberta dessa maneira.

O plutônio 239 leva 24 mil anos para ter sua radioatividade reduzida à metade e cerca de 500 mil anos para tornar-se inócuo. Com base nessa constatação, pesquisadores vêm se dedicando a projetos de dispositivos e instalações que sejam apropriados para armazenar esse "lixo atômico". Até hoje não existe uma solução efetiva, em escala comercial, para o confinamento adequado dos elementos combustíveis irradiados.

FUSÃO NUCLEAR

O lançamento da bomba atômica, que trouxe um trágico desfecho à Segunda Guerra Mundial, coincidiu com a proposta de alguns cientistas para a construção de uma nova arma nuclear, muito mais poderosa que a atômica.

Essa nova arma, a bomba de hidrogênio, envolve uma transformação nuclear oposta à fissão (divisão) do núcleo atômico. Nessa bomba, um núcleo atômico é construído com fragmentos menores, chamados núcleos leves, e a fusão (junção) dessas partículas libera mais energia por quilo de material reagente do que qualquer outra reação no universo.

Todavia, a reação de fusão ocorre apenas em temperaturas altíssimas, da ordem de milhões de graus. Normalmente essas temperaturas ocorrem apenas no interior de estrelas, como o nosso Sol. Assim, a bomba de hidrogênio, ou bomba H, é disparada por uma ou mais bombas atômicas em seu interior.

Apesar de a bomba H ter nascido na guerra, provou ser adaptável ao uso pacífico, e reatores nucleares dessa natureza estão movimentando submarinos. O primeiro submarino atômico dos Estados Unidos, o *Nautilus*, foi lançado ao mar em 21 de janeiro de 1954.

A fusão nuclear é uma das mais promissoras energias para o futuro. No entanto, é necessário encontrar soluções para o calor resultante da reação por fusão do hidrogênio, e também para o problema de suprimento de matéria-prima, já que o hidreto de lítio – fonte essencial de deutério e trítio, dois hidrogênios que, fundidos, formam um núcleo de hélio – não é abundante na natureza, sendo encontrado em maior ou menor quantidade nas concentrações do urânio.

Num cenário global de dificuldade econômica para os países industrializados e crescimento para os países em desenvolvimento, o Brasil possui um recurso que, além de econômico, é estratégico: o urânio.

Caso decida aumentar a participação da energia nuclear em sua matriz energética, não estará sujeito a flutuações do preço internacional. O Brasil dispõe de um enorme potencial hidrelétrico que o coloca em uma posição privilegiada nesse contexto. Uma análise estratégica que considere as vantagens da manutenção da tecnologia no país e da segurança nacional, mas que assegure a preservação do ambiente e da saúde da população a curto, médio e longo prazo, é a melhor saída na questão do desenvolvimento de projetos de energia nuclear.

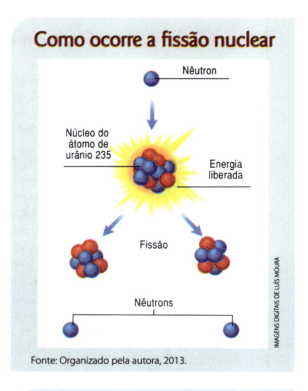

Fonte: Organizado pela autora, 2013.

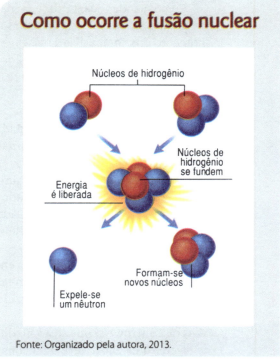

Fonte: Organizado pela autora, 2013.

Processo de enriquecimento do urânio

O processo físico de ultracentrifugação separa os isótopos urânio 235 e 238, aumentando a concentração do isótopo físsil urânio 235 de 0,7%, como encontrado na natureza, para cerca de 4%.

A ultracentrífuga a gás (no caso UF_6) é um cilindro vertical fino que gira a uma velocidade extremamente alta dentro de uma carcaça com vácuo. Um campo de força ultracentrífugo gerado dentro do cilindro em rotação (rotor) separa os diferentes isótopos ao longo da direção radial. Um fluxo axial de contracorrente é estabelecido para aumentar a separação dos isótopos. Na prática, a eficiência de uma ultracentrífuga a gás depende da velocidade periférica e do comprimento do rotor, da taxa axial de recirculação e da taxa de alimentação da máquina.

Como grandes quantidades de material enriquecido são necessárias ao suprimento dos combustíveis nucleares, e a produção por elemento separador é diminuta, utiliza-se industrialmente o acoplamento de inúmeros elementos separadores em paralelo, formando a configuração conhecida como "estágio de separação". Analogamente, como o efeito de separação em cada estágio é pequeno, o incremento no teor de enriquecimento do fluxo enriquecido é baixo; portanto, há necessidade de interligar os estágios em série, formando a configuração chamada "cascata". Assim, para a obtenção de produtos com os teores desejados em escala industrial, conclui-se que uma usina de enriquecimento compreende inúmeras cascatas constituídas de elementos de separação isotópica interligados em série e em paralelo, por meio de tubulações referentes aos fluxos de urânio de alimentação e retirada de urânio enriquecido e empobrecido.

Fonte: BRASIL. Indústrias nucleares do Brasil (INB). *Enriquecimento isotópico de urânio.* Disponível em: <www.inb.gov.br/pt-br/webforms/imprimir.aspx?campo=163&secao_id80>. Acesso em: 4 out. 2013. Texto adaptado.

No Brasil, ainda há grandes dificuldades técnicas na operação das usinas nucleares existentes.

A central nuclear Almirante Álvaro Alberto, constituída por três unidades (Angra 1, Angra 2 e Angra 3), está situada na praia de Itaorna, em Angra dos Reis, no Rio de Janeiro.

Angra 1 começou a ser construída em 1972 e entrou em operação comercial em 1983, porém com potência reduzida e de forma intermitente.

Angra 2 entrou em operação no dia 1º de fevereiro de 2001. Teve uma construção acidentada e custosa, mas vem apresentando indicadores de eficiência que superam os de muitas usinas similares – com um reator do tipo PWR (água pressurizada), o mais utilizado no mundo. Em 2009, gerou 10,2 milhões de MWh, que é a energia suficiente para abastecer Brasília e Belo Horizonte por aproximadamente um ano. Esse resultado colocou Angra 2 entre as melhores do mundo em produção bruta de energia elétrica, segundo o *ranking* da *Nucleonics Week*.

O governo brasileiro pretende continuar investindo no programa nuclear

Reservas de urânio do Brasil – 2007 (em toneladas de U$_3$O$_8$)

Depósito-jazida	Medidas e Indicadas			Inferidas	Total
	< 40US$/kg U	< 80US$/kg U	Subtotal	< 80US$/kg U	
Caldas (MG)		500 t	500 t	4 000 t	4 500 t
Lagoa Real/Caetité (BA)	24 200 t	69 800 t	94 000 t	6 770 t	100 770 t
Santa Quitéria (CE)	42 000 t	41 000 t	83 000 t	59 500 t	142 500 t
Outras				61 600 t	61 600 t
Total	66 200 t	111 300 t	177 500 t	131 870 t	309 370 t

Fonte: HEIDER, Mathias. *Urânio*. DNPM, 2007. Disponível em: <https://sistemas.dnpm.gov.br/publicacao/mostra_imagem.asp?IDBancoArquivoArquivo=3971>. Acesso em: 6 jul. 2013.

nacional, mesmo com as discussões internacionais sobre a segurança das usinas nucleares, iniciada com o acidente no Japão, após o tsunami de março de 2011. A construção de Angra 3 está em andamento e há um projeto que prevê a construção de quatro novas usinas até 2030.

Central Nuclear de Angra dos Reis (RJ), em fotografia de fevereiro de 2007.

Projeto Manhattan

Em agosto de 1939, com a Segunda Guerra Mundial prestes a ser deflagrada, uma carta assinada pelos físicos Albert Einstein e Leo Szilard afirmava que as então recentes descobertas quanto à divisão do átomo permitiriam o desenvolvimento de uma arma extremamente potente usando energia nuclear e conclamava os Estados Unidos a obterem essa tecnologia antes que a Alemanha nazista o fizesse.

Os norte-americanos montaram comissões para estudar a proposta, mas o projeto só deslanchou em 1942. Os Estados Unidos não participaram militarmente da guerra até dezembro de 1941, quando sua base naval de Pearl Harbor foi atacada pelos japoneses. No ano seguinte, o major-general Leslie Groves tomou a frente do chamado Projeto Manhattan, considerado uma prioridade para a política de guerra do país. A coordenação científica coube ao físico Robert Oppenheimer, que já vinha fazendo estudos envolvendo o urânio.

A pesquisa deu resultado. Em 16 de julho de 1945, foi realizado o primeiro teste nuclear, no deserto do Novo México. A energia liberada pôde ser comparada à explosão de 20 000 t de dinamite, a onda de choque foi sentida a 160 km de distância e a característica da nuvem em forma de cogumelo atingiu 12 km de altura. Algumas semanas depois, os Estados Unidos jogariam bombas atômicas sobre as cidades japonesas de Hiroshima e Nagasaki, matando centenas de milhares de pessoas.

Teste nuclear realizado em 21 de outubro de 1952, no atol de Biquini, no oceano Pacífico.

Expansão da geração de energia nuclear no Brasil – PNE 2030

Usina	Potência (MW)	Conc. U₃O₈ (t)	Conversão UF₆ (t)	Enriquecimento UTS (t)	Elemento combustível	Status
Angra 1	650	150	128	90	17	Em operação
Angra 2	1 350	290	246	176	30	Em operação
Angra 3	1 350	290	246	16	30	2013/15
Subtotal 1	3 350	730	620	442	77	
Nuclear 4	1 000	225	190	135	24	Prev. 2020
Nuclear 5	1 000	225	190	135	24	Prev. 2025
Nuclear 6/7	2x1000	450	380	270	48	Prev. 2030
Total	7 350	1 630	1 380	982		

Fonte: HEIDER, Mathias. *Urânio*. DNPM, 2007. Disponível em: <https://sistemas.dnpm.gov.br/publicacao/mostra_imagem.asp?IDBancoArquivoArquivo=3971>. Acesso em: 6 jul. 2013.

O mineral urânio

Minério de urânio é toda concentração natural de mineral ou minerais na qual o urânio ocorre em proporções e condições tais que permitam sua exploração econômica. O urânio se distribui sobre toda a crosta terrestre como constituinte da maioria das rochas.

Sem uma cor característica, pode ser amarelo, marrom, ocre, branco, cinza ou ter outra das muitas cores da terra. O que o diferencia de outros minerais é a sua propriedade física de emitir partículas radioativas – a radioatividade –, que é aproveitada para produzir calor e gerar energia.

Fonte: BRASIL. Indústrias Nucleares do Brasil (INB). *O mineral urânio*. Disponível em: <www.inb.gov.br/pt-br/webforms/Imprimir.aspx?campo=43&secao_id=47>. Acesso em: 6 set. 2013.

CAPÍTULO 4

Energia hidráulica

A água possui imensa energia. Quando cai no solo e corre para o mar, essa energia pode ser aproveitada de várias maneiras, como veremos a seguir.

BARRAGENS

A forma mais usual de armazenamento de energia consiste em interromper o curso de um rio, no seu caminho para o mar. Nas barragens, cria-se uma pressão de água que representa a medida da energia potencial da água armazenada. Com o deslocamento da água do alto da barragem para baixo, são movimentadas turbinas, que por sua vez operam geradores de corrente elétrica por indução magnética.

A eficiência energética desse sistema é muito alta, cerca de 95%. O investimento inicial e os custos de manutenção são elevados, mas o custo do combustível (a água) é nulo. Além de empregar uma fonte renovável de energia, as barragens apresentam a possibilidade de outros usos importantes – controle de enchentes, suprimento de água potável, irrigação, piscicultura, turismo e recreação, entre outros.

Os aspectos negativos a serem considerados, sob o ponto de vista da saúde ocupacional, são os riscos inerentes a construções de grande porte: acidentes por quedas, ferimentos com instrumentos cortantes, queimaduras etc.

No entanto, os impactos ambientais com reflexos sociais, econômicos e culturais devem ser bastante estudados na implantação de projetos de hidrelétricas. A inundação de áreas para a construção de barragens traz problemas de realocação das populações existentes, prejuízos à flora e à fauna locais, alterações no regime hidráulico dos rios, incremento das possibilidades de transmissão de "doenças aquáticas", como a esquistossomose e a malária (devido à poluição dos reservatórios), extinção dos peixes migratórios cujo processo de reprodução é dependente das correntes dos rios etc.

A melhoria do fornecimento de energia aos grandes centros pode ser alcançada com o desenvolvimento do transporte de energia das centrais geradoras aos centros consumidores. O controle sistemático da erosão e da qualidade da água, o reassentamento das populações deslocadas, a construção de escadas para peixes e a aeração das águas profundas (evitando o crescimento de micro-organismos anaeróbios) reduzem o impacto

Usina hidrelétrica típica

Uma usina hidrelétrica é aquela que é usada para gerar eletricidade, aproveitando a energia potencial da água armazenada em uma barragem localizada em um nível superior ao da usina.

Fonte: Portal do Professor do Ministério da Educação (MEC). Disponível em: <http://objetoseducacionais2.mec.gov.br/bitstream/handle/mec/14895/hidreletrica.swf?sequence=1> . Acesso em: 14 out. 2013.

da construção das barragens sobre as populações ribeirinhas e o ambiente.

Nos últimos trinta anos, a oferta primária de energia hidráulica no mundo evoluiu em duas regiões: Ásia, com destaque para a China, e América Latina, principalmente o Brasil. Em 1973, essas duas regiões respondiam por cerca de 10% da produção mundial de hidroeletricidade, proporção que se elevou para pouco mais de 31% em 2003, de acordo com o *Key World Energy Statistics*. No Brasil, havia 68,6 GW de capacidade de geração hidrelétrica em 2005, número que deve saltar para 99 GW em 2015 (veja a tabela a seguir).

Evolução da capacidade de geração hidrelétrica no Brasil

	2005*	2015*	2020	2025	2030
Capacidade instalada (GW)	68,6	99,0	116,1	137,4	156,3
Acréscimo no período (GW)		30,4	17,1	21,3	18,9
Acréscimo médio anual (MW)		3 050	3 400	4 300	3 800

Acréscimo no período 2005-2030: 87 700 MW (3 500 MW/ano)

* Plano Decenal 2006-2015.

Fonte: TOLMASQUIM, Mauricio. *Plano nacional de energia 2030*. Apresentação. Brasília: CNPE, 2007. Disponível em: <www.epe.gov.br/PNE/20070626_1.pdf>. Acesso em: 30 jul. 2013.

Em termos absolutos, os cinco maiores produtores de energia hidrelétrica no mundo são China (que produz 20,5% de toda a energia hidrelétrica gerada no mundo), Brasil (11,5% da produção mundial), Canadá (10%), Estados Unidos (8,1%) e Rússia (4,8%), segundo o relatório *Key World Energy Statistics* de 2012. Ou seja, esses países são responsáveis por cerca de 55% de toda a produção mundial de energia hidrelétrica.

No Brasil, destaca-se a usina de Itaipu. Trata-se de uma usina binacional localizada no Rio Paraná, na fronteira entre Brasil

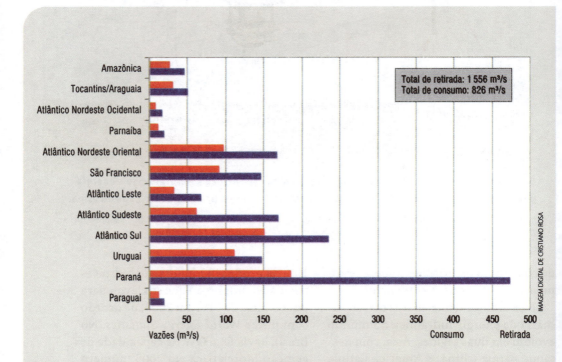

Fonte: BRASIL. Ministério de Minas e Energia (MME); Empresa de Pesquisa Energética (EPE). *Plano nacional de energia 2030*. Brasília: MME; EPE, 2007. Disponível em: <www.epe.gov.br/PNE/20080111_1.pdf>. Acesso em: 26 jun. 2013.

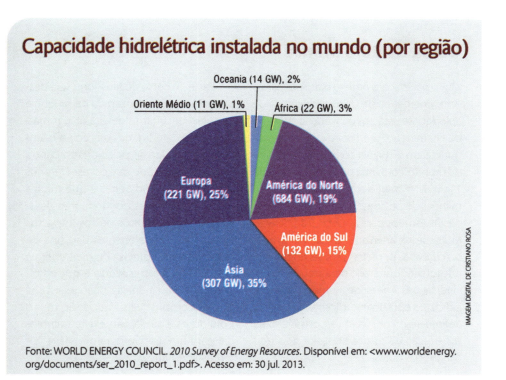

Fonte: WORLD ENERGY COUNCIL. *2010 Survey of Energy Resources*. Disponível em: <www.worldenergy.org/documents/ser_2010_report_1.pdf>. Acesso em: 30 jul. 2013.

e Paraguai, construída por ambos os países entre 1975 e 1982.

O comprimento total da barragem de Itaipu é de 7 919 m, enquanto a elevação da crista mede 225 m. Itaipu possui, na verdade, quatro barragens juntas – uma barragem de terra de preenchimento na extrema esquerda, uma de enrocamento, outra de concreto principal e mais uma de concreto na ala direita. A barragem principal tem 196 m de altura, o que é equivalente a um prédio de 65 andares. O Brasil teria de queimar 536 mil barris de petróleo por dia para gerar em usinas termelétricas a potência oferecida pela Itaipu.

As bacias com menor potência instalada são as do Atlântico Norte/Nordeste e Amazonas, que somam apenas 1,5% da capacidade instalada no Brasil. Apesar da tendência de aumento de outras fontes, devido a restrições socioeconômicas e ambientais de projetos hidrelétricos e aos avanços tecnológicos no aproveitamento de fontes não convencionais, tudo indica que a energia hidráulica continuará sendo, por muitos anos, a principal fonte geradora de energia elétrica do país.

Embora os maiores potenciais remanescentes estejam localizados em regiões com fortes restrições ambientais e distantes dos principais centros consumidores, estima-se que, nos próximos anos, pelo menos 50% da necessidade de expansão da capacidade de geração seja de origem hídrica. As políticas de estímulo à geração descentralizada de energia elétrica promovem uma crescente participação de fontes alternativas na matriz energética nacional, e nesse contexto as pequenas centrais hidrelétricas terão certamente um papel importante a desempenhar.

Usina de Belo Monte

Muito polêmico, o projeto brasileiro para o setor energético da Usina Hidrelétrica de Belo Monte está em construção próximo de Altamira, no Pará. Prevista para ser inaugurada em 2015, ela será a terceira maior do mundo, com uma potência de mais de 11 000 MW, o suficiente para abastecer 26 milhões de pessoas.

Os estudos para a construção de Belo Monte se iniciaram em 1975. Surgiram muitas críticas às primeiras versões do projeto, que foi sendo alterado para atender às reivindicações. Apesar de inúmeras batalhas judiciais, a obra obteve a licença ambiental, definiu-se o consórcio responsável pela construção e a Justiça brasileira autorizou o início das obras.

Parte do curso do Rio Xingu será desviado para a construção da barragem, e a represa resultante deverá alagar mais de 500 km². Indígenas da região e ambientalistas têm se posicionado contra o projeto, alegando que os reservatórios alagarão áreas indígenas e que muitas espécies de peixes do Xingu irão desaparecer, entre muitos outros impactos ecológicos. Os defensores da usina dizem que o país precisa de mais energia para continuar crescendo e que as hidrelétricas são a única opção realista, já que os combustíveis fósseis são muito poluidores e ainda não existe tecnologia para um aproveitamento viável de fontes alternativas.

Bacia fluvial do Xingu

Fonte: Mapa adaptado do Portal do professor do Ministério da Educação. Disponível em: <http://portaldoprofessor.mec.gov.br/fichaTecnicaAula.html?aula=25828>. Acesso em: 16 out. 2013.

Estudos do *Plano nacional de energia 2030* que tratam da geração hidrelétrica indicam que, em 2030, o consumo de energia elétrica poderá se situar entre 950 e 1 250 TWh/ano.

No Brasil, o órgão responsável pela execução da política nacional de energia elétrica é a Eletrobras, que começou a funcionar em junho de 1962. Sabe-se que, hoje, a contribuição da energia hidráulica na matriz energética nacional, segundo o *Balanço energético nacional* de 2013, é de 64,4%.

Entretanto, a ameaça de déficit de energia elétrica que ronda a região Sudeste e os "cortes" ocorridos na região Sul do Brasil em 2011 e 2012 atestam as deficiências e o precário equilíbrio operativo do setor.

As usinas hidrelétricas continuarão a exercer um papel fundamental no futuro. Os impactos negativos ambientais e sociais acarretados pela interrupção do curso dos rios, pela inundação de grandes áreas e pela construção de barragens devem ser minimizados e corrigidos pela consorciação com outras fontes de energia e medidas de compensação à sociedade.

> **RANKING DAS MAIORES HIDRELÉTRICAS DO MUNDO**
>
> 1ª. Três Gargantas (China): 18 200 MW
> 2ª. Itaipu (Brasil/Paraguai): 14 000 MW
> 3ª. Belo Monte (Brasil): 11 233 MW (em construção)
> 4ª. Guri (Venezuela): 10 000 MW
> 5ª. Tucuruí I e II (Brasil): 8 370 MW
> 6ª. Grand Coulee (Estados Unidos): 6 494 MW
> 7ª. Sayano-Shushenskaya (Rússia): 6 400 MW
> 8ª. Krasnoyarsk (Rússia): 6 000 MW
> 9ª. Churchill Falls (Canadá): 5 428 MW
> 10ª. La Grande 2 (Canadá): 5 328 MW
>
> Fonte: Elaborado pela autora (2012).

Uma corrente de pesquisadores tem proposto a construção de usinas menores e mais próximas aos centros consumidores, visando evitar o impacto de obras gigantescas e seus consequentes riscos.

O futuro deverá reunir todas essas alternativas na busca da melhor solução em direção ao desenvolvimento sustentável.

A energia também pode ser gerada pela força dos ventos e pela luz do Sol.

PARTE 3

O sol, a biomassa e os ventos

CAPÍTULO 5

Energia solar

Energia solar é aquela irradiada pelo Sol. De toda a energia do Sol que atinge a Terra, 60% são refletidos pela atmosfera; 11% são refletidos pelo solo, pela cobertura vegetal e pelos oceanos; 16% são consumidos na evaporação contínua da água; 9% são absorvidos pelo solo; 3% são utilizados na fotossíntese de plantas terrestres e 1% na fotossíntese de plantas marinhas. Assim, apenas 4% da energia solar que chega à Terra é convertida em matéria orgânica pela fotossíntese, o que significa que a energia absorvida pelas plantas e por certos tipos de algas é armazenada sob a forma de carboidratos e outros tecidos vegetais.

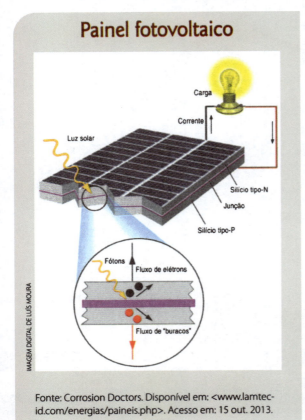

Fonte: Corrosion Doctors. Disponível em: <www.lamtec-id.com/energias/paineis.php>. Acesso em: 15 out. 2013.

Existem diversas possibilidades de aproveitamento de luz solar, seja de forma direta, seja de forma indireta (produção de biomassa, energia dos ventos, marés, gradientes térmicos do oceano e correntezas oceânicas).

Porém, a energia solar, apesar de liberada em quantidade gigantesca pelo Sol, alcança a Terra de forma tão difusa que requer captação em grandes áreas e mecanismos de concentração para que possa ser utilizada.

A inconstância no suprimento da energia solar, ocasionada pelos períodos de escuridão da noite ou mau tempo, exige sistemas de armazenamento e transporte adequados.

Embora apresente vantagens do ponto de vista do impacto ambiental, o aproveitamento da energia do Sol exige um investimento relativamente alto em equipamentos, com pouca eficiência.

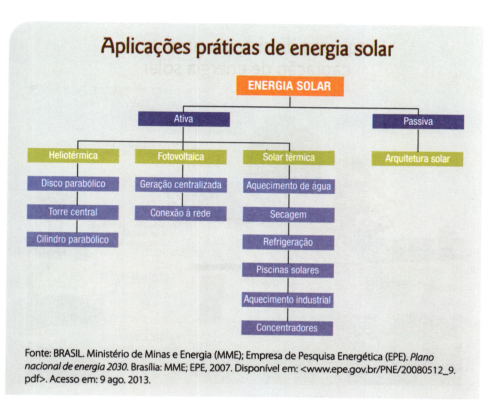

Fonte: BRASIL. Ministério de Minas e Energia (MME); Empresa de Pesquisa Energética (EPE). *Plano nacional de energia 2030*. Brasília: MME; EPE, 2007. Disponível em: <www.epe.gov.br/PNE/20080512_9.pdf>. Acesso em: 9 ago. 2013.

As formas conhecidas de aproveitamento da radiação solar direta, descritas a seguir, são: sistema passivo de captação de energia solar, sistema de captação de energia por célula solar fotovoltaica, sistemas de geração de energia em satélites, coletores de alta temperatura e estações centrais de força.

As manifestações indiretas da energia solar serão abordadas nos capítulos subsequentes. São elas: energia eólica, energia derivada dos gradientes de temperatura dos oceanos, energia das marés, energia das correntes oceânicas e energia derivada da biomassa.

SISTEMA PASSIVO DE CAPTAÇÃO DE ENERGIA SOLAR

Os sistemas passivos de captação de energia solar visam aproveitar ao máximo a energia disponível, não só pela radiação solar, mas também pela emissão de energia da própria Terra (sobretudo o calor absorvido).

Construções arquitetônicas orientadas para esse objetivo têm sido projetadas comercialmente. Baseiam-se em aumentar a absorção de calor e reduzir suas perdas por meio de telhados de vidro, janelas posicionadas adequadamente e forradas de folhas de metal preto ondulado (que atuam como coletores de calor), paredes mais espessas com sistemas de isolamento térmico e isolamento energético.

O sistema passivo de captação de energia solar também vem sendo utilizado na agricultura há muito tempo, com a construção de estufas ou casas de vegetação que possibilitam o cultivo de determinadas plantas fora de sua época normal de crescimento ou em condições climáticas adversas ao seu desenvolvimento.

69

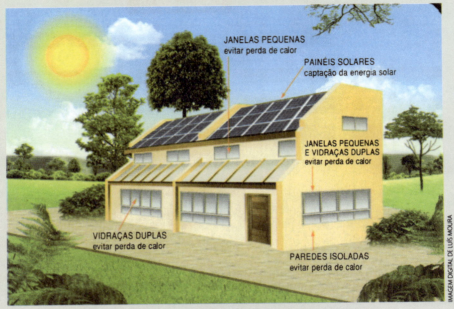

Projeto arquitetônico de residência visando ao aproveitamento da energia solar no aquecimento do ambiente interno com estratégias para a redução das perdas de calor para o ambiente exterior.

Fonte: Organizado pela autora, 2013.

SISTEMA DE CAPTAÇÃO DE ENERGIA POR CÉLULA SOLAR FOTOVOLTAICA

As células solares fotovoltaicas convertem diretamente a radiação solar em eletricidade.

Essas estruturas, famosas nos anos 1960 por sua utilização como elementos geradores de energia em satélites artificiais, são dispositivos semicondutores, feitos principalmente de silício, que absorvem fótons, gerando cargas positivas e negativas. A célula fotovoltaica é uma lâmina de semicondutor de grande superfície, que contém em seu interior um campo elétrico (regiões contaminadas com fósforo e boro, que possibilitam a separação dos portadores de carga elétrica gerados pela luz). O movimento dos elétrons, através de uma barreira de campo elétrico, cria uma corrente, produzindo eletricidade.

Os sistemas são modulares, e assim a ampliação da potência é obtida pela simples adição de módulos. A eletricidade solar fotovoltaica vem sendo utilizada com sucesso em telecomunicações (como repetidoras de micro-ondas), bombeamento de água, sistemas de refrigeração, eletrificação de cercas, entre outros. Nos Estados Unidos, na Europa e no Japão, é aplicada na geração de grandes potências.

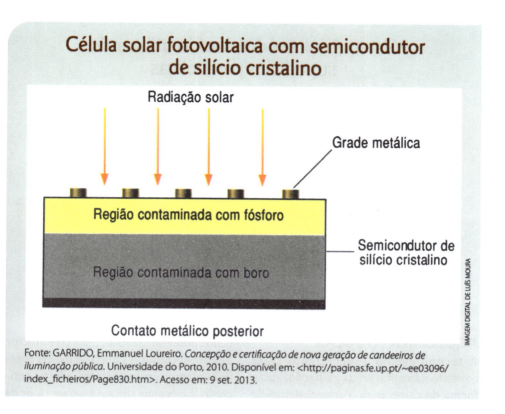

Fonte: GARRIDO, Emmanuel Loureiro. *Concepção e certificação de nova geração de candeeiros de iluminação pública*. Universidade do Porto, 2010. Disponível em: <http://paginas.fe.up.pt/~ee03096/index_ficheiros/Page830.htm>. Acesso em: 9 set. 2013.

Pesquisadores brasileiros do Instituto de Química da Universidade Estadual de Campinas (Unicamp) estão desenvolvendo uma nova técnica para a fabricação de células solares fotoeletroquímicas orgânicas. Elas substituem o silício cristalino tradicionalmente usado (que é inorgânico) por materiais à base de carbono (ou orgânicos). Mostram-se promissoras por serem potencialmente muito mais baratas e flexíveis, podendo ser aplicadas sobre qualquer superfície. No entanto, ainda há desafios tecnológicos a vencer antes que elas cumpram todo esse potencial.

GERAÇÃO DE ENERGIA EM SATÉLITES

Esse sistema utiliza células fotovoltaicas em satélites, na órbita terrestre, para converter energia solar em micro-ondas, que são transmitidas por grandes antenas colocadas na superfície da Terra.

A grande vantagem dessa forma de aproveitamento de energia solar está no fato de as células fotovoltaicas em satélites ficarem quase continuamente expostas à radiação solar.

Não existe exploração comercial desse sistema, mas ele tem sido objeto de estudos aprofundados feitos pela Nasa.

Os riscos desse tipo de exploração são comparáveis aos de qualquer construção ou exploração espacial. Apesar do investimento inicial muito alto, o custo de manutenção e os riscos ocupacionais na manutenção do sistema são reduzidos. Há necessidade de pesquisas sobre o efeito das micro-ondas em aves, insetos, pessoas etc., principalmente na vizinhança das antenas.

Fonte: Organizado pela autora, 2013.

AQUECIMENTO SOLAR

A tecnologia do aquecimento solar consiste na captação da radiação, sob a forma de calor, para o aquecimento de fluidos de uso doméstico ou industrial, ou para a transformação desse calor em outro tipo de energia nas centrais térmicas solares.

Esse sistema baseia-se no conceito estabelecido pela mecânica quântica sobre as características de emissão de um corpo negro. Os corpos negros ideais são aqueles que apresentam a maior absorção e o mais elevado coeficiente de emissão para qualquer comprimento de onda. Portanto, pintando de preto um determinado objeto exposto ao sol, elevaremos ainda mais sua temperatura.

Os aquecedores solares de ar ou água que atingem temperaturas de até 100 °C (aplicações denominadas como de baixa temperatura) utilizam fluidos condutores como ar e soluções aquosas.

Nos casos em que são necessárias maiores temperaturas, utilizam-se concentradores de luz solar, mais comumente os concentradores parabólicos. Os espelhos planos, ou helióstatos, são os concentradores mais antigos e geram calor na faixa de 300 °C a 500 °C. Esses sistemas de alta temperatura operam com óleos de alto peso molecular, água ou vapor sob pressão como fluidos condutores.

O custo inicial de instalação do sistema é alto, porém o de manutenção é relativamente baixo. Nos casos de utilização de água como fluido de transferência de calor, é necessário utilizar substâncias anticorrosivas e bactericidas que, em caso de ruptura do equipamento, poderão contaminar o ambiente. O superaquecimento ou a combustão das estruturas pode liberar compostos tóxicos na atmosfera. No entanto, quando comparado aos demais sistemas geradores de energia, este pode ser considerado praticamente isento de riscos ambientais e ocupacionais, apesar de sua aparência antiestética.

O aquecimento solar é comumente utilizado em hotéis, restaurantes, hos-

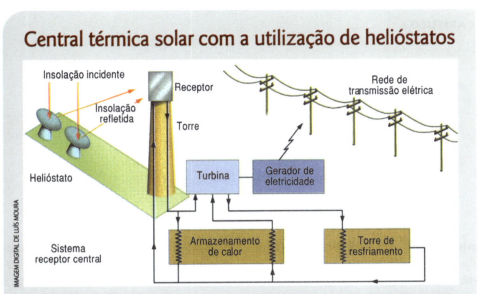

Fonte: EUSTÁQUIO, João Vasco Cegonho de Sousa. *Simulação e análise do comportamento do campo de helióstatos de uma central de concentração solar termoelétrica de receptor central*. Dissertação (Mestrado em Engenharia Mecânica) – Faculdade de Engenharia, Universidade do Porto, 2011. Disponível em: <http://repositorio-aberto.up.pt/bitstream/10216/63344/1/000149684.pdf>. Acesso em: 9 set. 2013.

pitais etc., mas geralmente exige uma fonte energética adicional.

CENTRAIS TÉRMICAS SOLARES

As centrais térmicas solares operam nos moldes das centrais térmicas convencionais que utilizam petróleo, gás ou energia nuclear. O princípio baseia-se no aquecimento de fluido, que, ao expandir-se, transfere energia térmica a uma turbina acoplada a um alternador, gerando eletricidade.

A concentração da energia solar é efetuada com helióstatos ou superfícies parabólicas espelhadas que dirigem a energia térmica para uma torre central, denominada torre de força, onde se aquece o fluido.

Esse sistema possibilita obter altas temperaturas, que variam de 540 °C a 930 °C. Os fluidos utilizados podem ser óleos hidrocarbonetos, água sob alta pressão ou vapor superaquecido.

Como nos outros casos, apresenta uma baixa eficiência, investimento inicial alto e exige uma suplementação energética. Os riscos de impacto ambiental são reduzidos, correspondendo basicamente à contaminação ambiental pelo extravasamento do fluido utilizado para a transferência de calor, ou pelo seu descarte.

As usinas térmicas solares também requerem grandes áreas. Um exemplo brasileiro desse sistema é o concentrador Péricles, em Recife.

A energia de origem solar custa entre três e cinco vezes mais que a produzida por métodos convencionais, mas o desenvolvimento tecnológico poderá levar a um barateamento dos processos de produção. Entretanto, o custo de manutenção é reduzido e os impactos ambientais e riscos ocupacionais de sua utilização são praticamente nulos.

CAPÍTULO 6

Energia da biomassa

Biomassa é um material constituído fundamentalmente de substâncias de origem orgânica (vegetal, animal, micro-organismos).

Antes da Revolução Industrial, a biomassa era a maior fonte de energia aproveitada pelo homem, principalmente na forma de lenha. Com a exploração do carvão mineral, ela foi substituída, pois o combustível fóssil apresentava um custo menor e uma enorme gama de aplicações práticas.

A concentração de energia solar, de origem difusa, é realizada pela fotossíntese, com a produção de material vegetal e subsequentes transformações nos diversos níveis da cadeia alimentar. Considerando que o combustível inicial, a energia solar, está numa forma não concentrada, muito trabalho é dispensado em atividades intermediárias (plantio, colheita, transporte etc.) para obter o material que será encaminhado às centrais de combustão ou conversão químico-biológica, visando à produção de energia aproveitável pelo ser humano.

A utilização da energia da biomassa é considerada estratégica para o futuro, já que apresenta a característica vantajosa de ser uma fonte renovável de energia.

A biomassa é classificada como recurso energético nas categorias de biomassa energética florestal, seus produtos e subprodutos ou resíduos; biomassa energética agrícola, as culturas agroenergéticas e os resíduos e subprodutos das atividades agrícolas, agroindustriais e da produção animal; e rejeitos urbanos.

A biomassa energética apresenta rotas diversificadas, com extensa variedade de fontes, que vão desde os resíduos agrícolas, industriais e urbanos até as culturas dedicadas, com grande quantidade de tecnologias para os processos de conversão, que vão da simples combustão para obtenção da energia térmica até processos físico-químicos e bioquímicos complexos para a obtenção de combustíveis líquidos, gasosos e outros produtos, que variam desde micro até larga escala.

De acordo com o Banco de Informações de Geração (BIG), da Agência Nacional de Energia Elétrica (Aneel), de outubro de 2013, o Brasil possui no total 2 944 empreendimentos em operação, gerando 125 021 522 kW de potência.

Está prevista para os próximos anos uma adição de 41 057 704 kW na capacidade de geração do país, proveniente dos 160 empreendimentos atualmente em construção e de outros 540 outorgados.

Empreendimentos em operação

Tipo		Capacidade Instalada		%	Total		%
		N° de Usinas	(kW)		N° de Usinas	(kW)	
Hidro		1 080	85 559 680	64,24	1 080	85 559 680	64,23
Gás	Natural	111	11 945 109	8,97	150	13 628 772	10,23
	Processo	39	1 683 663	1,26			
Petróleo	Óleo *diesel*	1 092	3 506 928	2,63	1 125	7 455 751	5,60
	Óleo residual	33	3 948 823	2,96			
Biomassa	Bagaço de cana	375	9 156 436	6,87	472	11 225 482	8,43
	Licor negro	16	1 530 182	1,15			
	Madeira	50	422 837	0,32			
	Biogás	22	79 594	0,06			
	Casca de arroz	9	36 433	0,03			
Nuclear		2	1 990 000	1,49	2	1 990 000	1,49
Carvão Mineral	Carvão mineral	12	3 024 465	2,27	12	3 024 465	2,27
Eólica		103	2 137 372	1,60	103	2 137 372	1,60
Importação	Paraguai		5 650 000	5,46		8 170 000	6,13
	Argentina		2 250 000	2,17			
	Venezuela		200 000	0,19			
	Uruguai		70 000	0,07			
Total		2 978	133 198 640	100	2 978	133 198 640	100

Fonte: Agência Nacional de Energia Elétrica (Aneel). Disponível em: <www.aneel.gov.br/aplicacoes/capacidadebrasil/OperacaoCapacidadeBrasil.asp>. Acesso em: 19 out. 2013.

As fontes combustíveis dessa potência em operação são divididas em três classes: fósseis, biomassa e outros. Na classe biomassa, estão carvão vegetal, resíduos de madeira, casca de arroz, bagaço de cana-de-açúcar, licor negro e biogás.

As termelétricas (cujo combustível é da classe biomassa) têm uma potência em operação de 11 225 482 kW, representando apenas 8,43% do total do país.

EXPLORAÇÃO DE FLORESTAS

O ser humano vem dizimando as florestas naturais para aproveitamento de lenha desde o início da civilização, tendo devastado grandes superfícies terrestres, como é o caso da Mata Atlântica brasileira. Ainda hoje, a lenha ocupa a quarta posição em fonte de energia utilizada no país, e grande parte desse material é extraída das poucas reservas florestais remanescentes.

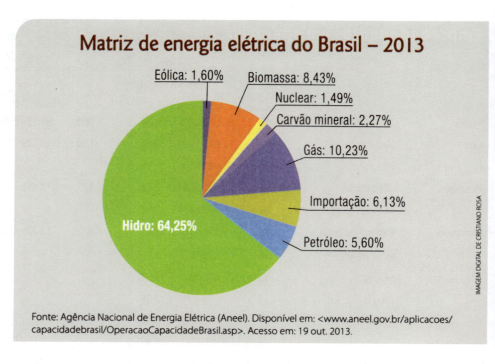

Fonte: Agência Nacional de Energia Elétrica (Aneel). Disponível em: <www.aneel.gov.br/aplicacoes/capacidadebrasil/OperacaoCapacidadeBrasil.asp>. Acesso em: 19 out. 2013.

Estima-se que o consumo mundial de energia primária de biomassa seja de cerca de 14%. O carvão mineral é inferior a esse índice, e o gás natural é equivalente. Nos países em desenvolvimento, essa parcela aumenta para 34%, chegando a 60% na África.

Atualmente, várias tecnologias de aproveitamento estão em fase de desenvolvimento e aplicação. Mesmo assim, estimativas da Agência Internacional de Energia (IEA, na sigla em inglês) indicam que, futuramente, a biomassa ocupará uma menor proporção na matriz energética mundial – cerca de 11% em 2020.

A combustão é o processo mais antigo para a produção de calor doméstico ou industrial, e é o princípio utilizado nas usinas termelétricas.

A combustão doméstica apresenta baixa eficiência, pois praticamente 94% do seu valor calórico é perdido. O uso ineficiente da lenha nas áreas rurais representa um encargo pesado para o balanço energético brasileiro, uma vez que a lenha é responsável por 10% de toda a energia utilizada no país.

A pirólise é o processo de queima da madeira a temperaturas de 160 °C a 430 °C, na ausência de ar. Essa queima produz gases e ácido pirolígneo (que pode sofrer mais uma reação para extração de metanol, acetona e ácido acético).

Os problemas ambientais advindos da utilização da lenha como fonte de energia são, principalmente, o risco de formação de desertos pelo corte não planejado ou incontrolado de árvores; a destruição do solo pela erosão; os efeitos poluidores da própria queima da biomassa, como a emissão de gases tóxicos e o desprendimento de consideráveis quantidades de calor.

Os riscos ocupacionais relativos ao aproveitamento das florestas pelo homem estão ligados a possíveis acidentes durante as atividades de corte, transporte e processamento da madeira (quer doméstico, quer industrial).

No Brasil, as termelétricas de Samuel (RO) e Balbina (AM) são exemplos de aproveitamento da lenha com tecnologia adequada para produção de energia elétrica. Nessas usinas, as turbinas são acionadas por vapor superaquecido, produzido pela queima da lenha, aproveitada da área inundada pelos reservatórios das hidrelétricas de mesmo nome.

Os estados do Maranhão e Piauí detêm a tecnologia de produção de carvão, etanol, alcatrão e gás combustível a partir do babaçu, sem prejuízo das amêndoas.

Assim como esses estados, a Petrobras

Usina termelétrica

DENTRO DE UMA USINA DE FORÇA

Uma usina de carvão ou óleo tem uma fornalha, onde o combustível é queimado para aquecer água e produzir vapor. O vapor aciona uma turbina ligada a um gerador. A eletricidade é enviada para casas, escritórios e fábricas através de uma rede de cabos chamada grade. O vapor normalmente é enviado através de três turbinas por vez, até que toda a energia seja extraída, e depois retorna ao estado líquido no condensador.

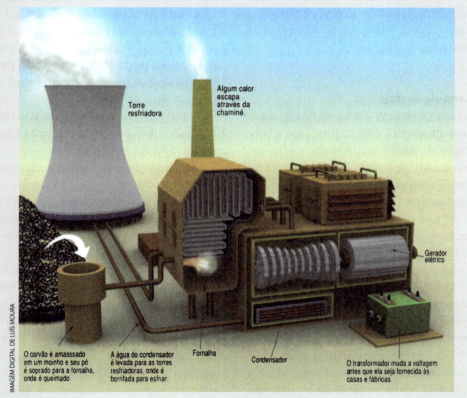

Adaptado de: Usinas termoelétricas. Disponível em: <http://objetoseducacionais2.mec.gov.br/bitstream/handle/mec/14965/termoeletrica.swf?sequence=1>. Acesso em 14 out. 2013.

também está investindo na área de desenvolvimento tecnológico, reflorestamento e produção de combustíveis a partir da biomassa.

EXPLORAÇÃO DE PLANTAS CULTIVADAS

Beterraba, cana-de-açúcar, milho, sorgo, soja, dendê, mandioca, aguapé e copaíba, são algumas das plantas que têm sido cultivadas ou que estão sendo pesquisadas para a produção de energia.

Entre as espécies citadas, o Brasil é referência mundial na tecnologia para plantio e exploração da cana-de-açúcar, usada na para a produção do álcool.

O processo básico para a extração do combustível de plantas cultivadas baseia-se em fermentação controlada e posterior destilação.

Cana-de-açúcar

A cana-de-açúcar tem se destacado como uma alternativa competitiva para a produção de etanol, justificando o aumento expressivo da sua produção agrícola no Brasil, com exportação do excedente de combustível automotivo.

O uso do etanol como combustível reduz a demanda de gasolina e alivia as emissões de gases responsáveis pelo efeito estufa.

O Brasil é o segundo maior produtor de etanol do mundo e o maior exportador mundial, além de ser líder internacional em matéria de biocombustíveis.

Foi a primeira economia a atingir o uso sustentável de biocombustíveis. A indústria brasileira de etanol tem trinta anos de história e toda a gasolina comercializada no país é misturada com 25% desse combustível. Existem no Brasil mais de 8 milhões de automóveis e veículos comerciais leves que podem rodar com 100% de etanol ou qualquer outra combinação de etanol e gasolina, chamados popularmente de "flex".

O aumento no cultivo da cana-de-açúcar e derivados leva a um aumento considerável na produção de bagaço de cana. O bagaço é importante fonte de energia (biomassa) para termelétricas.

No futuro, espera-se que parte desse bagaço possa destinar-se à produção de etanol, pelo processo de hidrólise. A tecnologia está em fase de desenvolvimento.

A médio e longo prazo, a cana-de-açúcar e seus derivados deverão figurar como a segunda fonte de energia mais importante da matriz energética brasileira, inferior apenas à participação do petróleo e seus derivados. Em 2030, a participação pode chegar próximo de 19%, um avanço importante em relação ao índice atual de 14%.

De toda a área plantada brasileira, 4,4 milhões de ha e 55% da colheita vão para a produção do etanol.

A produtividade por hectare aumentou 33% desde 1977, para 75 t/ha, e a produção de etanol por tonelada de cana-de-açúcar aumentou 58%. Os números da produção em São Paulo (2008: 84 t/ha) estão bem acima da média no Brasil.

A história do Brasil como modelo mundial na geração de biocombustível começou com o Programa Proálcool, em 1975. O Proálcool foi concebido para garantir o fornecimento de energia, bem como para apoiar a indústria açucareira pela diversificação da produção, depois da queda do preço do açúcar em 1974. Com tecnologia genuinamente brasileira, foram construídas destilarias que transformavam o excesso da produção de cana-de-açúcar em etanol anidro, usado como aditivo (24%) na gasolina, sem necessidade de nenhuma modificação nos motores dos veículos.

Durante a ditadura militar, a construção de novas destilarias foi incentivada com créditos estatais muito baratos, beneficiando os grandes produtores. Por intermédio da Petrobras, não somente foram instituídos postos para venda de etanol, como também o estabelecimento do preço do produto, que era vendido bem mais barato que a gasolina. De 1975/1976 até 1984/1985, a produção de etanol aumentou vinte vezes, alcançando 12 bilhões de litros.

Em 1979, quando a segunda crise do preço do petróleo agravou a situação, o Programa Proálcool foi expandido, fazendo que, no início dos anos 1980, a produção dos motores de veículos fosse adaptada ao uso do etanol. Em 1984, 94,4% dos carros novos brasileiros já eram

Mapa da produção do setor sucroenergético

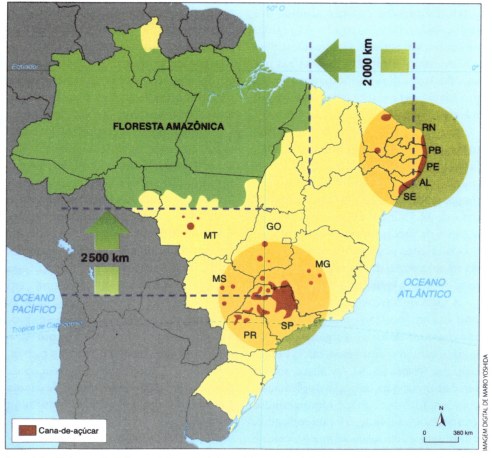

Fonte: Nipe/Unicamp, IBGE, Centro de Tecnologia Canavieira e União da Indústria de Cana-de-açúcar (Unica). Disponível em: <www.unica.com.br/mapa-da-producao>. Acesso em: 30 jul. 2013.

vendidos com incentivos e créditos baratos e movidos a etanol, substituindo assim a gasolina. A partir de 1975, registrou-se enorme expansão de áreas cultivadas com cana-de-açúcar e consequente aumento de produção, sobretudo nas regiões principais de plantações no estado de São Paulo, especialmente nos arredores de Ribeirão Preto e Piracicaba, com forte expansão até 1987. Em alguns municípios, a área plantada com cana-de-açúcar ocupava mais de 60% da área cultivada.

A cana-de-açúcar ocupa cerca de 7 milhões de ha, cerca de 2% de toda a terra arável do país. O Brasil é o maior produtor mundial de cana, seguido por Índia, Tailândia e Austrália. As regiões de cultivo são Sudeste, Centro-Oeste, Sul e Nordeste, permitindo duas safras por ano. Portanto, durante todo o ano o Brasil produz açúcar e etanol para os mercados interno e externo.

Brasil e Estados Unidos (este último utilizando o milho como matéria prima), líderes na produção do etanol, foram responsáveis em 2008 por 89% da produção mundial. Naquele ano, a produção brasileira foi de 24,5 bilhões de litros, equivalente a 37,3% da produção mundial de etanol.

Os rejeitos produzidos na fabricação do etanol a partir da cana-de-açúcar são a torta de filtro, a vinhaça e o bagaço de cana.

A torta de filtro é aplicada no campo, pois sua composição química apresenta alto conteúdo de matéria orgânica e vários nutrientes, como nitrogênio, cálcio e especialmente fósforo (P_2O_5). A vinhaça, por sua vez, é utilizada para irrigação da plantação, prática difundida no Brasil. Muitos estudos a respeito dessa aplicação foram realizados, e é comum a conclusão de que é técnica e economicamente viável. Já o bagaço de cana é aproveitado como energético.

Desse modo, verifica-se que os rejeitos gerados são aproveitados ao longo da cadeia energética. A utilização do bagaço de cana, da palha da cana ou de resíduos da cultura de arroz para produção de energia também contribuem para a redução dos resíduos.

Óleos vegetais

Óleos vegetais são gorduras ou ácidos graxos extraídos de grãos de oleaginosas e outras espécies vegetais. Podem ser usados como óleo bruto após esmagamento e filtragem e, através de várias tecnologias, transformados em combustível de alta qualidade.

O biodiesel é um combustível que pode ser fabricado a partir de uma série de matérias-primas, como óleos vegetais, gordura animal e óleo de fritura; o que mais se assemelha ao óleo *diesel* de origem fóssil é o proveniente do óleo de dendê.

O processo que tem apresentado resultados técnico-econômicos mais satisfatórios é a transesterificação, quando ocorre uma reação entre o óleo vegetal e um álcool (metílico ou etílico) na presença de um catalisador, e seus produtos são um éster de ácido graxo (*biodiesel*) e glicerina.

A utilização do *biodiesel* é bastante difundida, principalmente na Europa Ocidental, onde a produção anual, em 2003, atingiu de 2,5 milhões a 2,7 milhões de toneladas. A Alemanha é o maior produtor mundial, respondendo por 42% da produção de 2002. Nesses países, o *biodiesel* é produzido pela reação de transesterificação entre o óleo de canola e o metanol derivado do gás natural ou do petróleo.

No caso brasileiro, deverão ser utilizados óleos vegetais de diversas oleaginosas. Por exemplo, óleo de palma na região Norte, óleo de mamona na região Nordeste, óleo de soja na região Centro-Oeste. O álcool utilizado na reação será o etanol, produzido a partir da cana-de-açúcar. Desse modo, o *biodiesel* produzido será um combustível totalmente renovável.

O óleo de dendê – fruto oleaginoso de uma palmeira nativa da África, mas bastante cultivada em regiões amazônicas e na Bahia – está sendo estudado para uma possível substituição do óleo diesel. A composição química desse óleo parece fazer dele a matéria-prima ideal para que, após uma transformação química, produza *biodiesel*.

Resíduos (agrícolas, pecuários e urbanos)

Os resíduos orgânicos, independentemente da sua origem, devem sofrer transformações por intermédio da digestão anaeróbica. A digestão anaeróbica atualmente é muito utilizada para o tratamento de resíduos como os provenientes de Estações de Tratamento de Esgoto (ETEs), ou em biodigestores (mecanismos que usam geralmente detritos animais para a geração de biogás). O gás resultante do processo da degradação da matéria orgânica por micro-organismos é utilizado para geração de energia. O gás combustível precisa conter 60% a 70% de metano, 20% a 30% de dióxido de carbono, além de outros gases. A borra do digestor pode ser utilizada como fertilizante.

O biogás possibilita diversas aplicações: cozimento de alimentos, geração de energia em lampiões, geladeiras, chocadeiras, fornos industriais e, também, geração de energia elétrica.

A China e a Índia, desde o início do século, utilizam biodigestores para produção de gás a partir de esterco de gado. Na China, segundo dados de 2013 da Organização das Nações Unidas para Alimentação e Agricultura (FAO, na sigla em inglês), há mais de 21 milhões de biodigestores que utilizam como matéria-prima dejetos orgânicos de origem humana, animal e vegetal.

Na região Sul do Brasil, estima-se que existam cerca de 10 mil biodigestores rurais em funcionamento.

Um biodigestor é uma reprodução em tamanho menor do fenômeno da fermentação dentro de um ambiente restrito. Nesse equipamento, a matéria orgânica é fermentada e reduzida a gases e outros compostos agressivos ao meio ambiente. Algumas condições são exigidas para tornar o biodigestor um ambiente favorável aos micro-organismos que realizam a fermentação. São elas:

- ausência de ar;
- temperatura adequada (entre 30 °C e 45 °C);
- presença de matéria orgânica (dejetos);

Colheita de dendê, na cidade de Camamu (BA).

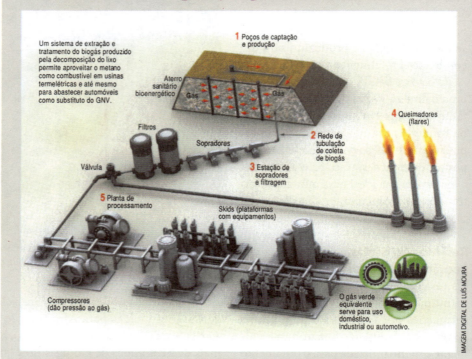

Fonte: Petrobras. Disponível em: <www.petrobras.com.br/pt/noticias/lixo-transformado-em-energia>. Acesso em: 15 out. 2013. Adaptado.

• ausência de compostos químicos tóxicos (desinfetantes e sabões).

Na falta de algum desses requisitos, pode ocorrer uma redução da produção de biogás. A prática diária de avaliação do sistema é essencial para garantir um ótimo rendimento.

O biodigestor aplicado nas propriedades do Sul do Brasil é o do tipo canadense, constituído por uma caixa de entrada, para onde são canalizados os dejetos provenientes dos galpões; uma câmara de fermentação subterrânea revestida com lona plástica; uma manta superior para reter o biogás produzido, de modo que forme uma campânula de armazenamento; uma caixa de saída, onde o já chamado biofertilizante é canalizado para uma esterqueira; um registro para saída do biogás e um queimador, conectado ao registro de saída do biogás. O biodigestor deve estar cercado e seus arredores limpos, ou seja, deve-se proporcionar o menor risco de ocorrerem furos na manta superior que venham a causar vazamento de gás.

A maioria das propriedades com biodigestores está relacionada à criação de suínos.

Em Minas Gerais, uma experiência comercial com a utilização do biogás para resfriamento de leite apresentou 60% de economia em relação à energia elétrica convencional.

Os riscos ambientais e ocupacionais da decomposição da biomassa e sua digestão estão ligados à possibilidade de explosões, contaminação do ar doméstico por vazamentos (principalmente de gás sulfídrico, resultante da digestão da matéria orgânica) e contaminação da água, pelo descarte da água residual do digestor.

Entretanto, a melhoria desse processo é essencial para o futuro, visto que solucionaria dois graves problemas da sociedade moderna: a produção de energia e a reciclagem do lixo produzido pelo homem, que se avoluma principalmente nas grandes cidades.

Na cidade de São Paulo, segundo a prefeitura, são produzidas em média 17 mil toneladas de lixo por dia (lixo residencial, de saúde, restos de feiras, podas de árvores, entulho etc.; dados de 2012). Só de resíduos domiciliares são coletados quase 10 mil toneladas ao dia. Esse lixo tem passado pelos processos de incineração, compostagem e, finalmente, desova em aterros sanitários.

A Companhia Energética de São Paulo (Cesp) detém a tecnologia para a utilização do lixo urbano na implantação de termelétricas. Desde o início de 1984, a Cesp e a Fundação Parque Zoológico de São Paulo mantêm um convênio para a implantação de um projeto destinado ao aproveitamento dos dejetos animais coletados no zoológico, visando à produção de biogás e biofertilizante.

O gás produzido pelo sistema é usado para o aquecimento de doze salas (com 15 m² cada), localizadas no biotério – local onde são criadas pequenas espécies de animais –, e para o funcionamento de uma camioneta F-100, motor 4 cilindros, movida a álcool, 91 CV, adaptada pela Rodogás, que faz a manutenção do parque.

Biocombustíveis brasileiros

O Brasil vem se tornando referência internacional na produção de biocombustíveis. O carro-chefe desse processo é a produção de *biodiesel*. O governo federal mantém o Programa Nacional de Produção e Uso de *Biodiesel*, que visa implementar a produção e o uso desse combustível. O óleo *diesel* representa 57% do consumo nacional de combustíveis veiculares.

Desde 2005, uma lei federal obriga a adição de *biodiesel* ao óleo *diesel* comercializado. Essa medida não é vista somente como uma forma de substituir combustíveis fósseis, mas como uma oportunidade de promover o desenvolvimento das regiões produtoras, gerando empregos e renda. Também há tributação menor, financiamento especial e outras condições que incentivam a economia ligada ao *biodiesel*.

Mas o mercado interno não é o alvo preferencial do programa. A Europa, dentro de sua política de redução de combustíveis fósseis, planeja ampliar seu consumo de *biodiesel*. Porém, o continente não tem terras suficientes para abrigar as lavouras necessárias para a produção de todo esse combustível. Isso é encarado pelas autoridades brasileiras como uma grande oportunidade. A ideia é suprir esse consumo europeu e transformar o Brasil em um grande exportador de biocombustíveis.

CAPÍTULO 7

Energia eólica

O vento, forma indireta de energia solar, resulta da movimentação do ar quente que sobe na região da linha do equador e se desloca para as regiões polares, em um movimento regular. Os moinhos de vento são utilizados pelo homem desde a Idade Média para moer grãos e bombear água.

Entre 1850 e 1950, mais de 6 milhões de moinhos de vento foram comercializados nos Estados Unidos. O aproveitamento da energia dos ventos para geração de energia elétrica é mais recente, e consiste na transformação direta da energia cinética dos ventos em energia mecânica e, finalmente, em eletricidade. Essa transformação se dá pela utilização de rotores de haste horizontal ou turbinas de haste vertical, denominadas cata-vento. Por ser um fenômeno natural, o vento pode variar dependendo do dia e da estação do ano.

Sua velocidade pode ser calculada pelo anemômetro, um instrumento idealizado para esse fim. Um anemômetro de bolso tem a capacidade de medir o vento com a velocidade mínima de 0,3 m/s (1 km/h) e máxima de 40 m/s (144 km/h).

Outro exemplo de anemômetro é o das estações meteorológicas e dos aeroportos. Instalado no local, possui três ou quatro braços, cujas extremidades são formadas por duas metades ocas de esferas que o vento faz rodar. O movimento de rotação aciona uma vareta central que está ligada a um registrador usado para marcar a velocidade do vento.

A geração de energia pelo vento é feita por um aerogerador de três pás (cata-vento). Esse tipo de aerogerador tem um movimento rotatório mais rápido. Ao passar pelo rotor, o vento aciona a turbina, que está acoplada a um gerador elétrico responsável por transformar a cinética do vento em energia elétrica. Os custos de instalação de uma usina eólica variam de US$ 200 a US$ 2 mil por quilowatt instalado, e sua eficiência de conversão é de 35% a 40%.

Ventos com baixa velocidade não têm energia suficiente para acionar as máquinas eólicas, que só funcionam a partir de uma determinada velocidade mínima, normalmente variável entre 2,5 m/s e 4,0 m/s.

A geração da energia depende principalmente da quantidade de vento que passa pelo aerogerador. A energia produzida pode ser usada para:
- irrigação e eletrificação rural;
- iluminação pública;

- carregamento de baterias e telecomunicações.

Durante os anos 1920, a primeira turbina eólica de eixo vertical foi construída pelo francês George Darrieus e, em 1931, um precursor do gerador de 100 kW para o de energia eólica moderna horizontal foi utilizado em Yalta, na União Soviética. Entre 1956 e 1957, o engenheiro dinamarquês Johannes Juul, um ex-aluno de Poul la Cour (inventor pioneiro nas aplicações da energia eólica), construiu uma turbina de três pás de 200 kW em Gedser, sul da Dinamarca, que influenciou projetos de muitas turbinas posteriores.

Em 1975, o Departamento Norte-Americano de Energia financiou um projeto para desenvolver turbinas eólicas. Este projeto, constituído de treze turbinas experimentais, pavimentou o caminho para a maior parte da tecnologia utilizada hoje.

Desde então, as turbinas têm aumentado muito de tamanho. Até fim de 2012, a maior turbina eólica do planeta era a B75, capaz de fornecer 6 MW de energia ou alimentar por um ano 5 500 domicílios. A produção de turbinas eólicas tem se expandido para vários países, sendo este um tipo de energia que deverá crescer em todo o mundo no século XXI.

Em 2007, a capacidade mundial de geração de energia eólica foi de 59 gigawatts (GW), em 2008 chegou a cerca de 120 GW e em 2009 foi de aproximadamente 158 (GW), o suficiente para abastecer as necessidades básicas de dois países como o Brasil (que gastou, em média, 70 GW em janeiro de 2010). No fim de 2012, a capacidade de energia eólica mundial instalada já era de 282,58 MW.

Os Estados Unidos lideram o *ranking* dos países que mais produzem energia

Fonte: Associação Brasileira de Energia Eólica (ABEEólica). *Seminário energia mais limpa*: energia eólica. Disponível em: <www.institutoideal.org/docs/Abeoolica_ElbiaMelo.pdf>. Acesso em: 20 ago. 2013.

85

por fonte eólica. O total da capacidade instalada nesse país ultrapassa os 60 GW. Em alguns países, a energia elétrica gerada pelo vento representa significativa parcela da demanda.

Existem iniciativas de instalação das chamadas usinas eólicas *offshore*. Elas são construídas em grandes corpos d'água, visando à geração de eletricidade. Tais instalações podem utilizar os ventos mais potentes e de maior frequência e poderosos que estão disponíveis nesses locais, e têm menor impacto estético na paisagem do que os projetos terrestres. No entanto, a construção e os custos de manutenção desses projetos são consideravelmente mais elevados que os terrestres. Atualmente, os parques eólicos *offshore* são pelo menos três vezes mais caros do que os parques eólicos em terra de mesma potência nominal. E espera-se que esses custos diminuam com o desenvolvimento da tecnologia disponível.

A energia eólica não é mais amplamente utilizada devido à natureza intermitente dos ventos, às limitações geográficas, à ausência de tecnologia para armazenagem da energia produzida e a problemas de resistência dos materiais utilizados na construção do cata-vento.

No início da utilização da energia eólica, surgiram turbinas de vários tipos – eixo horizontal, eixo vertical, com apenas uma pá, com duas e três pás, gerador de indução, gerador síncrono, entre outros. Com o passar do tempo, consolidou-se o projeto de turbinas eólicas com as seguintes características: eixo de rotação horizontal, três pás, alinhamento ativo, gerador de indução e estrutura não flexível.

Parque eólico no município de Aracati, no litoral do Ceará, em 2013.

Quanto ao porte, as turbinas eólicas podem ser classificadas como:
- pequenas – potência nominal menor que 500 kW;
- médias – potência nominal entre 500 kW e 1 000 kW;
- grandes – potência nominal maior que 1 MW.

Os impactos ambientais resultantes da instalação de uma usina eólica são muito limitados. Podem ser causados pelo rompimento das estruturas operacionais, poluição sonora na vizinhança, morte de pássaros pela colisão com as pás ou por sua presença antiestética na paisagem. Além disso, as hélices de metal dos rotores podem interferir em transmissões de rádio e televisão.

ENERGIA EÓLICA NO BRASIL

A baixa velocidade dos ventos no Brasil limita o aproveitamento da energia eólica a apenas algumas regiões: arquipélago de Fernando de Noronha (ventos de até 10 m/s); litoral da região Nordeste, principalmente na Bahia e norte do Maranhão (ventos de até 6 m/s); litoral da região Sul (ventos de até 5 m/s); sul do Mato Grosso do Sul e poucas regiões de São Paulo, como entre Boituva e São Carlos, no litoral de São Sebastião.

A capacidade de geração de energia eólica no Brasil em 2011 foi de 928 986 MW, com 51 usinas instaladas e 109 usinas em construção.

Energia eólica no Brasil

Usinas instaladas no Brasil	119
Capacidade instalada (MW)	2 788
Redução de CO_2 (t/ano)	2 397 350

Fonte: Associação Brasileira de Energia Eólica (ABEEólica). Disponível em: <www.abeeolica.org>. Acesso em: 20 ago. 2013.

O Parque Eólico de Osório fica na cidade de Osório (RS). A usina possui 75 aerogeradores de 2 MW, mas com capacidade total instalada é 150 MW. A energia gerada anualmente equivale ao consumo residencial de 650 mil pessoas, mais do que a metade da população de uma cidade como Porto Alegre. É a maior usina eólica da América Latina.

O parque foi construído em quinze meses; as primeiras 25 torres foram inauguradas em 2006, e o restante entrou em operação no ano seguinte. O custo da obra foi de R$ 670 milhões, ou seja, R$ 4,46 milhões por megawatt instalado. O fator de capacidade da usina é 34%, superior à média mundial (30%). O parque é constituído de três terrenos próximos (Osório, Índios e Sangradouro) com área total de 13 mil ha (130 km^2). Supondo que apenas 5% da área total seja permanentemente ocupada pelos equipamentos e instalações de serviço, o consumo de solo é de 0,043 km^2 por megawatt instalado.

O grupo de energia eólica da Universidade Federal do Rio Grande do Sul (UFRGS) vem desenvolvendo, com muito sucesso, trabalhos sobre a utilização da energia eólica no suprimento da eletricidade de estações de micro-ondas para telecomunicações no Brasil.

As estações de micro-ondas são alimentadas por banco de baterias, que são carregados através da rede, caso estejam perto, ou de grupos geradores a *diesel*, quando localizados em zonas remotas. No Brasil existem 543 dessas estações isoladas da rede de alimentação. Turbinas eólicas acopladas a geradores de energia elétrica poderão, em alguns desses locais, realizar o suprimento necessário de energia, e

Parques eólicos do Brasil

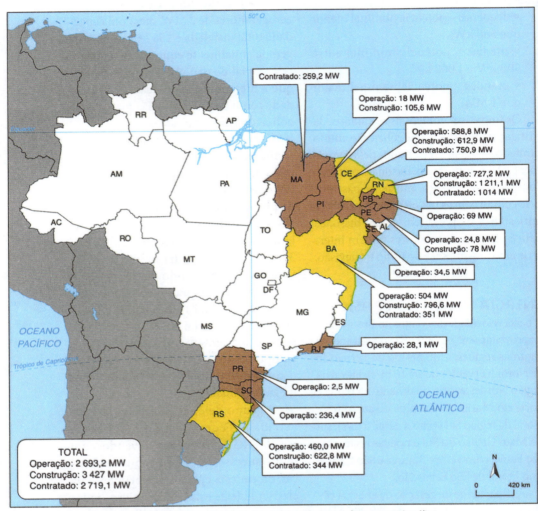

Fonte: Associação Brasileira de Energia Eólica (ABEEólica). *Seminário energia mais limpa:* energia eólica.
Disponível em: <www.institutoideal.org/docs/Abeoolica_ElbiaMelo.pdf>. Acesso em: 20 ago. 2013.

com isso obter uma grande economia na compra e também no transporte do *diesel* até essas estações. Uma turbina Darrieus de 6 m de diâmetro e três pás foi desenvolvida e instalada com sucesso em uma dessas estações, localizada em Porto Alegre (RS).

O sistema eólico também pode complementar o uso das células fotovoltaicas que já estão sendo implantadas em alguns desses locais, com a consequente economia do óleo hoje utilizado.

A UFRGS desenvolveu estudos sobre a utilização da energia eólica em sistemas de irrigação, aplicados comercialmente por alguns agricultores em regiões do Paraná e do Rio Grande do Sul.

Funcionamento de uma usina eólica

GIRA-GIRA
Embora existam turbinas com apenas duas pás, as mais potentes contam com três de até 40 metros cada uma (o equivalente a um prédio de 13 andares). Elas são ocas e feitas de materiais levíssimos – fibras de vidro e de carbono, principalmente. Na base de cada pá existe um mecanismo que permite girá-las para tirar melhor proveito da direção do vento.

E SE FEZ A LUZ
O que diferencia uma turbina eólica de um moinho é justamente o gerador, que aproveita a rotação mecânica do eixo (que, em um moinho, move um triturador de grãos) para gerar energia elétrica. Isso acontece porque dentro do gerador há uma bobina metálica (de cobre, em geral) em contato com um ímã, que, por indução, produz eletricidade.

ENTRANDO NOS EIXOS
Entre a hélice e o gerador á dois eixos interligados. O principal é conectado direto à hélice e, por isso, gira devagar – entre 20 e 30 rotações por minuto. No encontro deste eixo com o outro, que alimenta o gerador, um conjunto de engrenagens conhecido como multiplicador faz que o segundo eixo atinja entre 1000 e 1500 rotações por minuto.

SOB CONTROLE
Cada turbina tem um computador – chamado de controlador – que a ajusta de acordo com a velocidade e a direção do vento. Por meio dele dá para mudar a posição das pás e inclusive da turbina toda. É ele que liga o gerador quando o vento atinge a velocidade mínima (pouco mais de 10 km/h) e também aciona o freio quando os ventos estão fortes demais (acima de 95 km/h).

QUARTEL-GENERAL
As centrais eólicas têm uma central de transmissão onde encontram os fios que saem de cada uma das turbinas. Daí a energia parte direto para a rede elétrica. O número de turbinas que compõe uma central eólica varia muito: em Altamont Pass, nos Estados Unidos, existem mais de 4 mil turbinas, enquanto em Fernando de Noronha uma única turbina distribui energia para a ilha toda.

EM BUSCA DO VENTO
O ideal é que o vento chegue à turbina em posição perpendicular à torre. Por isso, toda turbina conta com um sensor de direção do vento conectado ao controlador. Quando o vento começa a bater de lado, a turbina inteira gira para pegá-lo de frente.

Giro da pá · Freio · Eixo principal · Multiplicador · Eixo do gerador · Anemômetro (mede a velocidade do vento) · Transmissão de energia · Giro da turbina

Fonte: Organizado pela autora (2013).

Pás de turbina para captação de energia no Condado de Down, Irlanda do Norte, 2008.
BLOOMBERG/GETTY IMAGES

PARTE 4

A terra e a água

CAPÍTULO 8

Outras fontes de energia

ENERGIA GEOTÉRMICA

O calor proveniente da formação original da Terra em combinação com o movimento de placas tectônicas estabelece, em algumas regiões da crosta terrestre, fortes gradientes de temperatura. A presença de falhas em rochas permite que a água da superfície se infiltre em formações profundas por vários quilômetros, retornando aquecida até a superfície na forma de gêiseres. Encontrando rochas impermeáveis em seu movimento de ascensão, o fluido pode ser confinado em poros/falhas, preenchendo de 2% a 5% o volume das rochas e dando origem a reservatórios geotérmicos. Do fluido captado desses reservatórios pode-se retirar calor e, em seguida, reinjetar a água no manancial subterrâneo.

Assim, pode-se dizer que a energia geotérmica é a energia calorífera gerada a menos de 64 km da superfície da Terra, em uma camada de rochas em fusão e gases, chamados magma, que chega a atingir até 6 000 °C.

O magma é o recurso geotérmico mais abundante, resultado das tremendas pressões abaixo da superfície e do calor gerado pela decomposição de substâncias radioativas, como o urânio e o tório. Trata-se de rocha fundida a uma profundidade de 3 km a 10 km e a uma temperatura de 700 °C a 1 200 °C. Não há tecnologia disponível para a exploração comercial desse recurso como fonte de energia, no momento.

Encontrando fissuras na crosta terrestre, o magma explode em erupções vulcânicas. Os gases liberados com o seu resfriamento aquecem águas subterrâneas, que afloram na forma de gêiseres ou minas de água quente.

Os riscos ocupacionais advindos da exploração de fontes energéticas por geopressão se aproximam muito dos encontrados nas atividades de exploração de petróleo e gás natural. Dessa forma, o risco de exploração deve sempre ser considerado, pois águas quentes pressurizadas frequentemente contêm gás metano dissolvido.

Uso da energia geotérmica

A água quente vinda do subterrâneo, mas perto da superfície da Terra, é canalizada diretamente para as instalações onde será usada. Aplicações comuns incluem *spas*, aquecimento de edifícios, estufas, piscicultura, estradas e vias. Outros empregos incluem lavagem de lã, pasteurização de leite, desidratação de frutas, produção de papel e vários processos industriais. Na cidade de Reykjavik, capital da Islândia, uma rede de canos é utilizada para entregar água quente para quase todos os edifícios da cidade.

Essencialmente, são três os componentes de uma bomba de calor geotérmico (GHP). O primeiro é um permutador de calor, que é um sistema de tubos chamado *loop*, enterrado no solo superficial perto do edifício que será aquecido ou resfriado. Uma mistura de água e anticongelante circula pelo tubo e esse líquido ou absorve calor ou libera calor no solo. O segundo componente é um sistema de dutos no interior do edifício, através do qual ar quente ou frio pode circular. O terceiro componente é uma bomba de calor, que transfere calor entre o circuito e os dutos.

No inverno, como o solo é mais quente que o ar, o calor da terra é transferido para o edifício, processo que é invertido no verão. Como a eletricidade está sendo usada apenas para mover o calor e não para a geração de GHP, é mais eficiente e rentável do que os métodos tradicionais de controle da temperatura.

As centrais elétricas drenam vapor ou água muito quente de poços perfurados de reservatórios geotérmicos que estão pelo menos 1,5 km abaixo da superfície. Atualmente existem três tipos diferentes de energia geotérmica em funcionamento comercial.

A geração de eletricidade pelo calor geotérmico iniciou-se nos Estados Unidos com a instalação de uma unidade pequena, a partir do vapor emitido nos campos de gêiseres em Sonoma County, na Califórnia, em 1960. Essa usina, Calpine, conta atualmente com quinze unidades. É a maior usina elétrica geotérmica em funcionamento e tem uma capacidade líquida de 725 MW, o suficiente para suprir 725 mil residências ou uma cidade do tamanho de São Bernardo do Campo (SP), ou seja, cerca de 750 mil habitantes (Censo de 2010).

Uma usina desse tipo acarreta um aquecimento ambiental equivalente a 80% da energia extraída, produz muitos ruídos e libera gases nocivos, de incidência natural nos vapores vulcânicos.

A instalação de torres de resfriamento adequadas, a reinjeção das águas salobras de origem subterrânea utilizadas como fonte de calor, porém altamente poluentes, e a remoção do enxofre dos gases sulfídricos emitidos seriam medidas que reduziriam o impacto no meio ambiente, bem como os consequentes riscos ocupacionais.

Existem recursos de rocha quente e seca em todos os lugares do mundo a uma profundidade de 4 km a 7 km. O futuro da energia geotérmica depende da capacidade técnica de acessar esses recursos, através da perfuração de poços nas rochas em dois locais, injetando água fria em um poço antes de fazê-la circular pela rocha e retirando a água aquecida do segundo poço. Esse processo requer a manutenção da porosidade da rocha, através de quebras. Uma usina experimental que utiliza essa tecnologia está em funcionamento na Inglaterra.

A rocha fundida, abaixo da crosta terrestre, é uma fonte de energia com potencial ilimitado. No entanto, ainda existe um longo caminho a ser percorrido na área de pesquisa tecnológica para que um dia todo esse potencial possa ser aproveitado.

Usinas hidrotérmicas

A utilização direta das fontes hidrotérmicas, gêiseres ou minas de água quente é muito antiga, tendo sido aplicada em cocção de alimentos e banhos terapêuticos.

Os reservatórios hidrotérmicos apresentam a vantagem de estarem próximos

Piscinas naturais na estância hidrotermal de Caldas Novas (GO).

à superfície, apesar de restritos a regiões específicas, como é o caso de Caldas Novas, em Goiás.

Usinas de geopressão

A energia aproveitada pelas usinas de geopressão pode originar-se de três fontes: água a altas temperaturas, água a altas pressões (normalmente águas salobras) e gás natural.

Essas águas ou gases encontram-se confinados entre ou sob rochas sedimentares impermeáveis, como é o caso da costa do Golfo do México, nos estados do Texas e da Louisiana (Estados Unidos). Ainda não existem tecnologias competitivas para a exploração comercial dessa fonte de energia.

Outro aspecto a ser considerado na instalação de usinas de geopressão é o fato de que as regiões propícias a esse tipo de operação normalmente encontram-se em zonas sujeitas a terremotos, maremotos, ventos fortes e tufões, fenômenos que colocam em risco a estrutura da usina, pois, assim como as hidrotérmicas, as usinas de geopressão também exigem grandes áreas de exploração e redes de tubulação de alta pressão, suscetíveis a rupturas.

Nesse tipo de central geradora de energia deverão ocorrer problemas de poluição sonora, aquecimento ambiental, além da contaminação de rios pelos fluidos residuais da exploração, que exige alto investimento inicial, alto custo de manutenção e apresenta baixa eficiência. A reinjeção das águas salobras nos poços de exploração talvez seja uma medida a ser estudada, visando reduzir a contaminação em rios.

Rochas quentes e secas

Rochas quentes e secas (*hot dry rock*) são formações que contêm calor, mas não apresentam um fluido circundante que atue como meio de transferência.

Apesar de esse recurso estar largamente disponível no planeta, sua exploração exige perfuração com eixos paralelos, fratura da rocha, injeção de fluidos exógenos para troca de calor e posterior remoção desse fluido.

Dados de 2013 dão conta de que existem apenas usinas-piloto sendo testadas no Novo México, Estados Unidos. Os problemas encontrados até o momento são os mesmos já descritos para as outras usinas geotérmicas. No entanto, devido à injeção de grandes volumes de fluidos a altas pressões em áreas reconhecidas como zonas de falhas ativas, há a possibilidade de um aumento na ocorrência de abalos sísmicos.

No Brasil, existem estudos para viabilizar o aproveitamento de energia geotérmica nos sistemas geotérmicos da Bacia do

Paraná. No entanto, ainda não há projetos comerciais para a geração de eletricidade por meio dessa fonte energética.

ENERGIA DERIVADA DOS GRADIENTES DE TEMPERATURA NOS OCEANOS

O gradiente de temperatura no oceano consiste na diferença de temperatura existente entre a superfície e o fundo do mar. É designado *ocean thermal energy conversion* (Otec), ou conversão de energia térmica dos oceanos.

O aproveitamento desse gradiente como fonte de energia foi inicialmente testado pelo francês Georges Claude na região costeira de Cuba, em 1930. A experiência foi conduzida com um gradiente de 14 °C e a usina-piloto chegou a produzir energia elétrica a uma potência de 22 kW. Este sistema utiliza águas superficiais com temperaturas de aproximadamente 27 °C para vaporizar um fluido que tenha baixo ponto de ebulição. O sistema de aproveitamento de energia pela utilização do gradiente de temperatura nos oceanos, teoricamente, poderia ser utilizado na produção de hidrogênio, metanol ou amônia. Essas usinas podem funcionar em sistema aberto, usando como fluido ativo a própria água do mar, ou em sistema fechado, utilizando como fluido amoníaco, cloreto de metila ou dióxido de nitrogênio.

As centrais de ciclo fechado seriam mais viáveis econômica e tecnicamente, podendo ser flutuantes e ancoradas no fundo do mar, fincadas no leito marinho, fixadas em terra firme ou em barcos.

As plataformas flutuantes têm merecido maior divulgação e são as mais pesquisadas. Devem ser instaladas em localidades onde a profundidade do mar

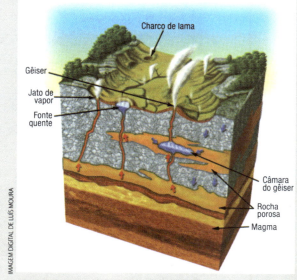

Fonte: Global Conversations – Our Planet. Disponível em: <http://ourplanet.infocentral.state.gov/201207/18/geothermal-energy>. Acesso em: 16 out. 2013.

seja superior a 1 000 m, a fim de garantir um gradiente de temperatura de 20 °C a 25 °C. A plataforma se mantém fixa por um cabo ancorado no fundo do mar.

As estações fincadas no leito marinho se assemelhariam às plataformas para extração de petróleo. Seriam fixadas sobre bancos de 300 a 400 m de profundidade, com tubulações que sairiam da plataforma para profundidades de até 1 000 m. Nas estações em terra firme seriam necessárias tubulações para captação das águas quentes e das águas frias.

A utilização de barcos, onde seriam construídas as centrais geradoras de energia, apresentaria a vantagem de poder se mover para obter melhores gradientes térmicos.

Várias regiões do mundo se prestariam à exploração do gradiente térmico dos oceanos, como as costas do Caribe, as proximidades de Porto Rico, Cuba, Jamaica,

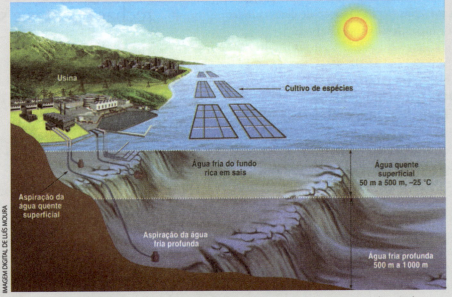

Sistema de ciclo fechado para o aproveitamento de energia do gradiente térmico dos oceanos

Fonte: Portal Brasileiro de Energias Renováveis. Disponível em: <www.energiarenovavel.org/index.php?option=com_content&task=view&id=70&Itemid=156>. Acesso em: 30 jul. 2013.

Ilhas Virgens, Flórida (Estados Unidos) e, no Brasil, as cercanias de Cabo Frio (RJ).

As dificuldades desse tipo de exploração estão nos problemas de engenharia de grandes obras marítimas, com os respectivos riscos de acidentes de trabalho, como ferimentos com objetos cortantes, queimaduras e quedas de grandes alturas. No entanto, não são esperados grandes impactos ambientais com a instalação e o funcionamento dessas usinas.

Impactos ambientais secundários poderão ocorrer com o vazamento dos fluidos e descargas substanciais de águas frias na superfície do mar. Essas descargas poderão afetar as comunidades marinhas e o sistema pesqueiro, embora o alto teor de nutrientes dessas águas profundas possivelmente beneficie a piscicultura.

Finalmente, a eficiência real do sistema de aproveitamento do gradiente térmico dos oceanos não ultrapassa 3%, apesar de a eficiência teórica máxima ser de 8%. O investimento inicial é alto, mas apresenta a vantagem de ser uma energia de produção constante, dispensando sistemas armazenadores, e de ser considerada a única tecnologia de produção de energia elétrica em larga escala com risco ambiental reduzido. Mas ainda são necessários investimentos em pesquisas, objetivando um refinamento técnico das turbinas de baixa pressão, dos fluidos ativos e da transmissão elétrica submarina a longas distâncias.

ENERGIA DAS MARÉS

A forma mais tradicional de aproveitamento energético das marés se dá através do barramento de braços de mar, onde as diferenças do nível de água entre as marés alta e baixa consecutivas proporcionam altura de queda suficiente para o acionamento de turbinas.

Usinas de geração de energia pelas marés com uma única bacia represada e com duas bacias represadas

Maré alta – não há geração de eletricidade.

Quando a maré sobe, os portões são abertos e a água passa pelas turbinas, gerando eletricidade.

Quando a maré abaixa, os portões são abertos e a água passa pelas turbinas, gerando eletricidade.

Maré baixa – não há geração de eletricidade.

Fonte: *Ecossistemas e políticas públicas*. Campinas: Laboratório de Engenharia Ecológica da Universidade Estadual de Campinas (Unicamp), 1997. Disponível em: <http://www.unicamp.br/fea/ortega/eco/esqmar.jpg>. Acesso em: 3 out. 2013.

As marés são influenciadas pela força gravitacional do Sol e da Lua. Seu potencial tem sido utilizado desde o século XI, na costa da Inglaterra e da França, para a movimentação de pequenos moinhos.

Um desses moinhos, Eling Tide Mill, construído em 1086 na Inglaterra, ainda se encontra em operação.

Quando afuniladas em baías, as marés podem atingir até 15 m de desnível; dessa forma, seu aproveitamento energético requer a construção de barragens e instalações geradoras de eletricidade.

Uma usina de aproveitamento da energia das marés requer três elementos básicos: casa de força ou unidades geradoras de energia, eclusas (para permitir a entrada e saída de água) e barragem.

A geração de energia elétrica nessas usinas é diretamente proporcional ao rendimento do grupo turbina-gerador, ao volume de água acumulado e à altura líquida de queda: $P = k.\eta.Q.h$ [kW], onde a constante k é o produto da densidade do meio (1 070 kg/m^3) pela aceleração da gravidade local (m/s^2), η o rendimento do conjunto turbina-gerador, Q é a vazão da turbina (m^3/s) e h é a altura líquida da queda (m).

Em termos práticos, a altura mínima de queda que pode justificar o aproveitamento elétrico da energia potencial das marés é de 5 m. Essa restrição reduz drasticamente o número de locais adequados à construção de usinas maremotoras.

Em 1967, o primeiro grande projeto de aproveitamento da energia das marés foi construído no Rio Rance, no norte da França, onde a média anual das marés tem cerca de 8,4 m de desnível. É o maior projeto desse tipo no mundo e o único na Europa, e inclui uma barragem de 710 m de comprimento.

Na costa brasileira, e registrados na Tábua de Marés publicada pela Diretoria de Hidrografia e Navegação da Marinha, apenas quatro locais registram amplitudes de marés iguais ou superiores a 5 m: Fundeadouro de Salinópolis, no Pará, e São Luís, Ponta da Madeira e Porto de Itaqui, no Maranhão.

O desenvolvimento econômico da estação do Rio Rance, ou seja, altos investimentos iniciais, altos custos de manutenção e baixa eficiência na produção de energia, desencorajou outras experiências nesse sentido.

Apesar dos altos investimentos necessários, a eficiência da usina elétrica a partir da energia das marés é baixa (cerca de 20%). Estudos demonstraram que, mesmo se toda a energia das marés da costa norte-americana fosse aproveitada, ainda assim não seria suficiente para atender às necessidades da cidade do Rio de Janeiro.

Os impactos ambientais mais importantes relacionam-se à destruição da flora e da fauna do estuário, além da possibilidade do rompimento das estruturas por furacões, terremotos ou qualquer razão que leve a uma inundação da região costeira.

Os riscos ocupacionais também são elevados, principalmente durante a construção da estrutura da usina, que requer operações abaixo do nível da água, a exemplo da construção de plataformas marítimas para a exploração de petróleo.

ENERGIA DAS ONDAS

O aproveitamento da energia das ondas visando à geração de eletricidade tem sido objeto de inúmeras pesquisas, que levaram ao desenvolvimento de diversos tipos de estruturas, ou flutuadores, denominados patos oscilantes, cujo movimento seria utilizado para a geração de eletricidade.

No entanto, essas estruturas teriam que ser muito grandes, pois mantê-las contra a força do mar seria uma tarefa considerável e elas representariam um entrave à navegação na região. O investimento inicial seria muito alto e os custos de manutenção das estruturas no mar, com os problemas de corrosão do equipamento, também seriam vultosos.

O suprimento de energia a partir do movimento das ondas é intermitente, e o seu armazenamento é mais problemático que o da energia solar. Assim, a eficiência do sistema é baixa.

Diversos países estão estudando o aprimoramento da tecnologia para aproveitar essa fonte energética, entre eles Japão, Canadá, Estados Unidos, Irlanda e Reino Unido. Até o momento, não foram instaladas unidades comerciais.

> De acordo com o *Plano nacional de energia 2030*, pela localização relativa na costa oceânica, as tecnologias de geração de energia em desenvolvimento podem ser classificadas em três grupos:
> • *onshore*, quando os equipamentos de geração são fixos em terra;
> • *nearshore*, quando a geração é próxima à costa, em geral em águas com profundidade próxima a 20 m e não superior a 40 m;
> • *offshore*, quando a geração é instalada longe da costa, em locais com profundidade superior a 40 m. Usinas-piloto têm sido instaladas em locais com potencial médio entre 4 kW/m e 110 kW/m, observando-se fatores de capacidade entre 15% (*Mighty Wale*, equipamento *nearshore* instalado em local de 4 kW/m) e 30% (*Limpet*, equipamento *onshore* em local de 20 kW/m).

O *World Wave Atlas* permite um cálculo bastante aproximado da quantidade de energia elétrica que pode ser gerada a

Distribuição mundial da densidade energética das ondas

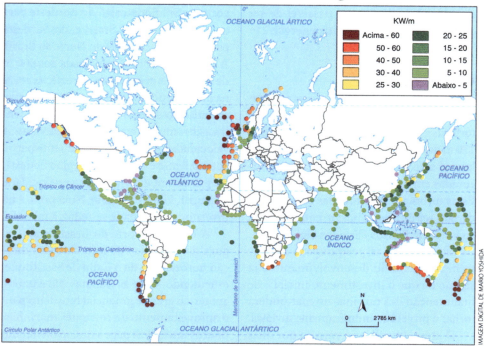

Fonte: BRASIL. Ministério de Minas e Energia (MME); Empresa de Pesquisa Energética (EPE). *Plano nacional de energia 2030*. Brasília: MME; EPE, 2007. Disponível em: <www.epe.gov.br/PNE/20080512_1.pdf>. Acesso em: 26 jul. 2013.

partir das ondas do mar, em aproveitamentos *onshore*.

Portugal foi o primeiro país a instalar um protótipo de um gerador para aproveitamento da energia das ondas em Portugal Continental ao longo de Peniche, em abril de 2007. A empresa Seth foi a responsável pela colocação do equipamento na praia da Almagreira.

O protótipo foi concebido pela empresa finlandesa AW Energy e ficou posicionado a cerca de 600 m da praia. O Wave Roller foi suspenso na plataforma Valeira, que, por sua vez, foi rebocada até o local. Os resultados dos testes têm sido animadores, porém já ficou evidente que são necessárias mais informações sobre as características do fundo do oceano para uma maior eficiência do sistema.

ENERGIA DAS CORRENTES OCEÂNICAS

As correntes oceânicas equivalem a verdadeiros rios dentro dos oceanos. Apresentam fluxos horizontais unidirecionais, causados pelos ventos (superficiais, com até 1 km de profundidade), por diferenças de salinidade ou de temperatura das águas (causadores da circulação termohalina, movimentos verticais das massas de água por diferença de densidade) e, ainda, pelo efeito Coriolis, como consequência do movimento da Terra. É o fenômeno observado por Gaspar de Coriolis, em 1835, que constatou que as correntes giram no sentido horário no Hemisfério Norte e no sentido anti-horário no Hemisfério Sul do planeta.

O movimento das correntes oceânicas é lento, mas, por mover quantidades descomunais de água, é passível de ser aproveitado para geração de energia.

Correntes oceânicas

Existem estudos em diversos países para desenvolver a tecnologia de aproveitamento de turbinas gigantescas, com aproximadamente 170 m de diâmetro, que ficariam submersas logo abaixo da superfície do oceano e ancoradas em seu leito por cabos de fixação. Essas turbinas, denominadas coriolis, poderiam ser utilizadas na corrente do Golfo ao longo da Flórida (Estados Unidos).

No entanto, as pesquisas se encontram no início do desenvolvimento e já se calcula que o investimento inicial e de manutenção das turbinas no mar poderá tornar o projeto economicamente inviável.

O litoral brasileiro é varrido por duas correntes, originadas da bifurcação da corrente Sul Equatorial: do nordeste para o sul, a corrente do Brasil e, do nordeste para o norte, a corrente do Norte do Brasil. A corrente do Brasil, confinada aos 600 m de água mais próximos à superfície, corre na direção sul desde o Cabo de São Roque, estendendo-se até o Uruguai, onde encontra a corrente ascendente das Malvinas. A velocidade do fluxo é relativamente baixa, entre 0,5 m/s e 1,0 m/s. Na região Sudeste, na primavera e no verão, sua velocidade alcança 1,4 nós (0,72 m/s). No outono e no inverno, a velocidade se reduz à metade.

A corrente Norte do Brasil, com largura de cerca de 300 km, corre na direção noroeste desde o Cabo de São Roque, estendendo-se até as Guianas. No entanto, apesar do grande potencial brasileiro para o aproveitamento de correntes marinhas, poucas iniciativas para o desenvolvimento dessa tecnologia foram realizadas.

Turbinas de energia de correntes marítimas

As turbinas geram eletricidade graças às correntes marítimas. Com o mesmo diâmetro que as eólicas, produzem mais eletricidade, pois a energia das correntes marítimas é mais forte e mais densa do que aquela produzida pelo vento.

Fonte: Académie Reims. Disponível em: <http://www.ac-reims.fr/editice/images/stories/Sciences_tech_indus/documents_officiels/SSI/965-sujet-s-si-polynesie-2013.pdf>. Acesso em 17 out. 2013.

Considerações finais

O desempenho global da economia determinará a demanda energética mundial no futuro.

Após inúmeras pesquisas, ainda não foi encontrada uma fonte energética tão eficiente e barata quanto o petróleo.

O gás natural deverá ganhar participação no mercado global sobre o carvão mineral, pelo fato de emitir menos CO_2 para a atmosfera.

As necessidades energéticas da China deverão ser grandes, a ponto de criarem um impacto no mercado energético mundial, e poderão ser limitantes para o desenvolvimento do próprio país. A demanda chinesa poderá alterar redes de suprimentos e preços internacionais, já que esse país deverá ser o maior consumidor de petróleo do mundo em 2030. Outros países em desenvolvimento e com significativo crescimento do parque industrial também influenciarão, em menor escala, a variação dos preços e a disponibilidade de combustíveis fósseis, contribuindo para o desequilíbrio da plataforma energética internacional.

As economias de países não membros da Organização para a Cooperação e Desenvolvimento Econômico (OCDE) somam 93% do crescimento total da economia global. Em 2030, espera-se que essa parcela chegue a dois terços do total.

Os países desenvolvidos, apesar de um menor crescimento relativo no consumo de energia, continuarão com uma demanda energética alta e entre as maiores do mundo. Os Estados Unidos, por exemplo, estarão entre os três maiores consumidores de energia do mundo em 2030.

Os combustíveis fósseis são recursos não renováveis e, portanto, finitos.

Dessa forma, a única alternativa que resta à humanidade, a fim de manter sua qualidade de vida e reduzir as diferenças sociais e econômicas entre países pobres e ricos, é buscar saídas que, em conjunto, substituam os combustíveis fósseis ou possibilitem economizá-los para os usos mais nobres.

A liquefação do carvão mineral é uma opção para substituir o petróleo como fonte de energia móvel. Assim, o carvão deve ser poupado da geração de eletricidade e reservado para a produção de energia móvel. A geração de eletricidade pode ser conseguida por meio de outras fontes de energia renováveis, ou não, isoladas ou combinadas, como é o caso de usinas nucleares, hidrelétricas solares e de biomassa.

As fontes energéticas de eficiência mais baixa, e que não exigem estruturas muito complexas, poderão ser utilizadas de forma integrada aos grandes sistemas de geração de energia, principalmente na solução de problemas energéticos de localidades isoladas e para uso doméstico. Neste caso, enquadram-se as fontes não poluidoras, como as de energia solar, eólica e da biomassa.

É chegado o momento de refletir sobre formas de economizar energia. Os europeus estão dando ao mundo um exemplo a ser seguido. Atualmente, cada europeu consome metade da energia gasta por um norte-americano.

A energia na Europa é muito cara e os impostos incidentes são altíssimos. Isso motiva a população a economizar. Além disso, o transporte público nas grandes cidades europeias é excelente, levando a uma economia em combustíveis para transporte individual e reduzindo a poluição ambiental.

O exemplo europeu pode ser adaptado no Brasil, onde dispomos de fontes renováveis de energia e não enfrentamos invernos rigorosos. O uso de fontes alternativas de energia integradas aos recursos renováveis e fósseis permitirá ao país continuar a crescer de forma sustentável.

Mudanças de hábitos da população serão importantes para a economia de combustíveis e energia. O uso de equipamentos e utensílios domésticos mais eficientes e a maior utilização de transporte público ou outros meios de transporte coletivo possibilitarão economizar energia para atender à demanda energética do Brasil em crescimento. O objetivo é reduzir a poluição ambiental e melhorar a qualidade de vida da população, mantendo o progresso da economia.

O crescimento sustentável do nosso país é responsabilidade de cada um e de todos nós.

Glossário

A

AGÊNCIA NACIONAL DO PETRÓLEO, GÁS NATURAL E BIOCOMBUSTÍVEIS (ANP) – órgão vinculado ao Ministério de Minas e Energia que tem a função de regular, fiscalizar e contratar as atividades econômicas do setor petrolífero nacional. Sua criação, em 1997, significou o fim do monopólio estatal no setor.

B

BARRIL DE ÓLEO EQUIVALENTE (BOE) – unidade utilizada para permitir comparar (converter), em equivalência térmica, um volume de gás natural com um volume de óleo.

BARRIL DE PETRÓLEO – unidade de medida de petróleo líquido (geralmente petróleo cru) equivalente a 158,98 litros.

BETUME – mistura de compostos químicos derivados do carbono. Pode ser obtido a partir do petróleo. É usado, desde a Antiguidade, na pavimentação de ruas e também é matéria-prima para vernizes e produtos similares.

BIOCOMBUSTÍVEL – combustível que tem origem biológica, não fóssil, geralmente originado de plantas ou partes delas.

C

COMBUSTÍVEL FÓSSIL – substância composta de carbono usada para alimentar a combustão como o petróleo, o gás natural e o carvão mineral. Os combustíveis fósseis são recursos naturais não renováveis.

CONSELHO DE SEGURANÇA DA ONU – O Conselho de Segurança é o órgão da ONU responsável pela paz e segurança internacionais. É formado por quinze membros: cinco permanentes, que possuem o direito a veto – Estados Unidos, Rússia, Reino Unido, França e China –, e dez membros não permanentes, eleitos pela Assembleia Geral por dois anos. Este é o único órgão da ONU que tem poder decisório, isto é, todos os membros das Nações Unidas devem aceitar e cumprir as decisões do Conselho.

CORPO NEGRO – meio ou substância que absorve toda a radiação incidente sobre ele, independentemente do comprimento de onda, da direção de incidência ou do estado de polarização. Nenhuma parte da radiação incidente é refletida ou transmitida. Para entender o conceito, imagine um corpo isolado do seu meio externo, com paredes isolantes. Como não há trocas com o meio externo, dizemos que o corpo se encontra em equilíbrio termodinâmico. Caso esse corpo possua uma pequena abertura em sua parede, toda a radiação incidente nessa abertura é absorvida, visto que a probabilidade de ser refletida dentro do corpo de forma que volte pelo mesmo orifício é muito pequena. Por essa razão, a abertura é perfeitamente absorvedora ou "negra". A radiação que sai pela abertura alcançou equilíbrio térmico com o material que constitui o corpo. Essa radiação emitida pela abertura é denominada radiação de corpo negro.

D

DENDÊ/DENDEZEIRO (*Elaeis guineensis*) – palmeira originária da costa oriental da África (Golfo da Guiné), encontrada em povoamentos subespontâneos desde o Senegal até Angola. O óleo originário dessa palmeira, o azeite de dendê, consumido há mais de 5 mil anos, foi introduzido no continente americano a partir do século XV, coincidindo com o início do tráfico de escravos entre a África e o Brasil. Atualmente, o azeite de dendê é o óleo mais produzido e consumido no mundo, representando 27% de 140 milhões de toneladas de óleos e gorduras produzidos em 2005.

DESSULFURIZAÇÃO – remoção de enxofre para evitar a contaminação de outros ambientes. A dessulfurização do gás de combustão é necessária para reduzir a quantidade de dióxido de enxofre no ar, que é um grande fator na formação da chuva ácida.

DIGESTÃO ANAERÓBICA (ou anaeróbia) – processo de decomposição de matéria orgânica por bactérias em um meio onde não há a presença de oxigênio gasoso. Esse método é usado há muito tempo pelo homem, mesmo antes de ele descobrir de que se tratava ou mesmo de saber sobre a existência dos micro-organismos responsáveis por isso (como na confecção de vinhos).

DÍNAMO – aparelho que converte energia mecânica em eletricidade, gerando uma corrente contínua.

E

ETANOL (CH_3CH_2OH) – também chamado álcool etílico e, na linguagem corrente, simplesmente álcool, é uma substância orgânica obtida da fermentação de açúcares, hidratação do etileno ou redução a acetaldeído, encontrado em bebidas como cerveja, vinho e aguardente, bem como na indústria de perfumaria. Os primeiros usos práticos do etanol deram-se entre o final dos anos 1920 e início dos anos 1930. Mas somente nos anos 1970, com a crise do petróleo, o Brasil passou a usar maciçamente o etanol como combustível. Atualmente, uma combinação de fatores, como a preocupação com o meio ambiente e a esperada futura escassez de combustíveis fósseis, levou a um interesse renovado pelo etanol. No Brasil, tal substância é também muito utilizada como combustível de motores a explosão, constituindo assim um mercado em ascensão para um combustível obtido de maneira renovável e o estabelecimento de uma indústria química de base, sustentada na utilização de biomassa de origem agrícola e renovável.

G

GASEIFICAÇÃO – conversão de combustíveis sólidos em gasosos, por meio de reações termoquímicas, envolvendo vapor quente e ar ou oxigênio em quantidades inferiores à estequiométrica (mínimo teórico para a combustão).

GASODUTO – tubulação usada para o transporte de gás natural.

GÊISER – é uma fonte que periodicamente entra em erupção, jorrando água quente e vapores. Associado à atividade vulcânica, resulta do aquecimento da água do subsolo que está em contato com a lava, ou muito próxima dela. Na parte inferior da coluna da água, a temperatura pode ultrapassar 100 °C; o vapor, formado pela evaporação do líquido, só consegue subir quando a pressão que exerce para cima é maior que o peso da massa de água. A maioria dos gêiseres se encontra no Parque Nacional de Yellowstone, nos Estados Unidos.

GLP – sigla para gás liquefeito de petróleo, usado em fogões e veículos. É comumente chamado de gás de cozinha.

H

HIDROCARBONETO – composto químico formado por átomos de hidrogênio e de carbono. Os hidrocarbonetos (exceto o metano) se formam em regiões de grande pressão, sob a superfície terrestre.

J

JAMES WATT (1736-1819) – matemático e engenheiro. Os melhoramentos relizados por ele no motor a vapor foram um passo fundamental para a Revolução Industrial. Watt nasceu em Greenock, na Escócia; e viveu e trabalhou inicialmente em Glasgow, no mesmo país, e depois em Birmingham, na Inglaterra.

L

LIQUEFAÇÃO – conversão de uma substância do estado gasoso para o estado líquido, por meio da alteração de temperatura e pressão.

M

MECÂNICA QUÂNTICA – teoria que estuda sistemas físicos que envolvem partículas atômicas ou subatômicas.

MW (megawatt) – watt é a unidade de potência – energia produzida ou trabalho realizado – por segundo. As unidades maiores de potência são o quilowatt (1 kW = 1 000 W) e o megawatt (1 MW = 106 W). Tais unidades são usadas na indicação das potências das máquinas ou da taxa do suprimento de energia elétrica. O watt recebeu esse nome em homenagem a James Watt, devido às suas contribuições para o desenvolvimento do motor a vapor, e foi adotado pelo II Congresso da Associação Britânica para o Avanço da Ciência, em 1889. O watt (símbolo: W) é a unidade de potência do Sistema Internacional de Unidades. É equivalente a um joule por segundo (1 J/s).

MUTAÇÕES GENÉTICAS – mudanças repentinas que ocorrem nos genes, ou seja, processo pelo qual um gene sofre uma mudança estrutural. No caso da mutação provocada pela radiação nuclear, isso acontece devido ao fato de o ser humano ser mais suscetível a ela. Os efeitos da radiação no corpo humano resultam dos danos em cada célula em particular. Esses danos podem impedir ou prejudicar a divisão celular, modificar a estrutura genética das células reprodutoras ou destruir a célula.

O

ORGANIZAÇÃO DAS NAÇÕES UNIDAS (ONU) – organização internacional formada em 1945 por países que se reuniram voluntariamente para trabalhar pela paz e pelo desenvolvimento mundial. Tem seis órgãos principais: a Assembleia Geral, o Conselho de Segurança, o Conselho Econômico e Social, o Conselho de Tutela, a Corte Internacional de Justiça e o Secretariado.

P

PONTO DE EBULIÇÃO – temperatura na qual uma substância no estado líquido vence a pressão atmosférica, passando para o estado gasoso. Essa mudança de estado é constante para uma mesma substância, nas mesmas condições de pressão. O ponto de ebulição da água no nível do mar, por exemplo, é de 100 °C. O vapor formado movimenta uma turbina que alimenta um gerador. Finalmente, a fim de reaproveitar o fluido de baixo ponto de ebulição que foi vaporizado, ele é condensado pelas águas frias, provenientes do fundo do mar.

R

REFINARIA – destilaria de petróleo. É onde o óleo cru é destilado para a obtenção dos subprodutos, como gasolina, querosene e *diesel*.

ROYALTIES – no caso do petróleo, valores que devem ser pagos ao município, estado ou União pelo uso do território na exploração do óleo.

U

UNIÃO SOVIÉTICA (URSS – União das Repúblicas Socialistas Soviéticas) – país que existiu de 1922 a 1991 e congregava quinze repúblicas socialistas. Competia com os Estados Unidos como país mais influente do mundo. A URSS se formou como um grande país de dimensões continentais e reuniu Rússia, Ucrânia, Bielorrússia, Estônia, Lituânia, Letônia, Moldávia, Geórgia, Armênia, Azerbaijão, Cazaquistão, Uzbequistão, Turcomenistão, Quirguistão e Tadjiquistão. De 1945 até sua dissolução – o período conhecido como Guerra Fria –, a União Soviética e os Estados Unidos foram as duas superpotências mundiais que dominaram a agenda global de política econômica, assuntos externos, operações militares, intercâmbios culturais, avanços científicos – incluindo o pioneirismo na exploração espacial – e esportes (Jogos Olímpicos e vários outros campeonatos mundiais).

V

VINHAÇA OU RESTILO – resíduo pastoso que sobra após a obtenção do etanol a partir da cana-de-açúcar; contém elevados teores de potássio, água e outros nutrientes, e é empregado para irrigar e fertilizar o campo. É poluente, mas pode ser usado como fertilizante ou para produzir biogás (composto basicamente de metano e gás carbônico).

Referências bibliográficas

AGÊNCIA NACIONAL DE ENERGIA ELÉTRICA (ANEEL). *Atlas de Energia Elétrica (Brasil)*. 3. ed. Brasília: Aneel, 2008. Disponível em: <www.aneel.gov.br/visualizar_texto.cfm?idtxt=1689>. Acesso em: 19 out. 2013.

_____. Matriz de energia elétrica. Disponível em: <www.aneel.gov.br/aplicacoes/capacidadebrasil/OperacaoCapacidadeBrasil.asp>. Acesso em: 19 out. 2013.

AGÊNCIA NACIONAL DO PETRÓLEO, GÁS NATURAL E BIOCOMBUSTÍVEIS (ANP). *Anuário estatístico brasileiro do petróleo, gás natural e biocombustíveis*, 2011. Rio de Janeiro: ANP, 2011. Disponível em: <www.anp.gov.br/?dw=57887>. Acesso em: 30 ago. 2013.

_____. *Boletim da produção de petróleo e gás natural*, dez. de 2011. Rio de Janeiro: ANP, 2011. Disponível em: <www.anp.gov.br/?dw=59164>. Acesso em: 25 jul. 2013.

_____. *Reservas nacionais de petróleo e gás natural em 31 dez. 2012*. Rio de Janeiro: ANP, 2012. Disponível em: <www.anp.gov.br/?pg=42906>. Acesso em: 30 jul. 2013.

ALMEIDA, Emmanuel Gama de. A exploração do gradiente térmico do mar. Xanxerê: Portal Brasileiro de Energias Renováveis, 2008. Disponível em: <www.energiarenovavel.org/index.php?option=com_content&task=view&id=70&Itemid=156>. Acesso em: 30 jul. 2013.

ASSOCIAÇÃO BRASILEIRA DE ENERGIA EÓLICA (ABEEólica). Com a força dos ventos a gente vai mais longe... Disponível em: <www.abeeolica.org.br>. Acesso em: 20 ago. 2013

BANCO INTERNACIONAL DE OBJETOS EDUCACIONAIS. Usinas termoelétricas. Disponível em: <http://objetoseducacionais2.mec.gov.br/bitstream/handle/mec/14965/termoeletrica.swf?sequence=1>. Acesso em 14 out. 2013.

BHASKER, C. Simulation of three dimensional flows in industrial components using CFD techniques. Disponível em: <www.intechopen.com/books/computational-fluid-dynamics-technologies-and-applications/simulation-of-three-dimensional-flows-in-industrial-components-using-cfd-techniques>. Acesso em: 30 jul. 2013.

BERLYN, Graeme P.; DHILLON, Sukhraj S.; KOSLOW Evan E. Nuclear energy: productions and problems. *Environmental Management*, 4(a), p. 95-102, 1980.

BERLYN, Graeme P.; PAW U, Kyaw Tha; KOSLOW Evan E. Nuclear energy: productions and problems – Answering the rebuttal. *Environmental Management*, 4(3), p. 189-191, 1980.

BONNET Jr., Juan A.; SASSCER, Donald S.; MORIN, Manuel García; CRUZ, Angel Calderón. Energia oceanotérmica para Puerto Rico y el Caribe. *Interciência*, 10(3), p. 134-141, 1985.

BP GLOBAL. *BP Statistical Review of World Energy Jun. 2013*. Disponível em: <www.bp.com/content/dam/bp/pdf/statistical-review/statistical_review_of_world_energy_2013.pdf>. Acesso em: 30 ago. 2013.

_____. *BP Energy Outlook 2030*. Disponível em: <www.bp.com/liveassets/bp_internet/globalbp/globalbp_uk_english/reports_and_publications/statistical_energy_review_2011/STAGING/local_assets/pdf/BP_World_Energy_Outlook_booklet_2013.pdf>. Acesso em: 29 jul. 2013.

BRANCO, Samuel Murgel. *Ecossistêmica*: Uma abordagem integrada dos problemas do meio ambiente. São Paulo: Edgard Blücher, 1989.

CARVALHO, Joaquim Francisco de. Lixo atômico: o que fazer?, *Ciência Hoje*, 2(12), p. 19-24, 1984.

CENTRO DE ENERGIA NUCLEAR NA AGRICULTURA (Cena). *Energia nuclear*: caminho para a sobrevivência. 1978. (Folheto de divulgação.)

CHAMBOULEYRON, Ivan. Eletricidade solar. *Ciência Hoje*, 9(54), p. 32-39, 1989.

COELHO, Aristides Pinto. *O que você deve saber sobre a energia nuclear*. Rio de Janeiro: Graphos, 1977.

COGO, Sandra Lúcia. *Um estudo dos subprodutos e rejeitos do xisto por ressonância paramagnética eletrônica*. Dissertação (Mestrado em Física). Universidade Estadual de Ponta Grossa, Ponta Grossa, 2008. Disponível em: <http://fisica.uepg.br/ppgfisica/Public/Projetos/1316542059_%E2%80%9CUm.pdf>. Acesso em: 30 jul. 2013.

COMPANHIA DE DESENVOLVIMENTO DO VALE DO PARAGUAÇU (Desenvale). *Coordenação Pedra do Cavalo*. Bahia, 1984.

COMPANHIA ENERGÉTICA DE SÃO PAULO (Cesp). *Projeto energia eólica I*. 1984. (Folheto de divulgação.)

DANESE, M. Utilização de biogás. *Energia. Fontes alternativas*, 3(15), p. 14-56, 1981.

DYNI, John R. Geology and Resources of Some World Oil-Shale Deposit. Scientific Investigation Report 2005-5294. U.S. Department of the Interior. U.S. Geological Surveys, 2005. Disponível em: <http://pubs.usgs.gov/sir/2005/5294/pdf/sir5294_508.pdf>. Acesso em: 29 jul. 2013.

EHRLICH, Paul R.; EHRLICH, Anne H.; HOLDEN, John P. *Ecoscience*: population, resources, environment. San Francisco: W.H. Freeman, 1977.

ETNIER, Elizabeth L.; WATSON, Annetta P. Health and safety implication of alternative energy technologies. II. Solar, *Environmental Management*, 5(5), p. 409-425, 1981.

ESTRELLA, Guilherme de Oliveira; AZEVEDO, Ricardo Latgé Milward de; FORMIGLI FILHO, José Miranda. Pré-sal: conhecimento, estratégia e oportunidades. In: VELLOSO, José Paulo dos Reis. (Coord.). *Teatro mágico da cultura, crise global e oportunidades do Brasil*. Rio de Janeiro, José Olympio, 2009. p. 67-78.

EUSTÁQUIO, João Vasco Cegonho de Sousa. *Simulação e análise do comportamento do campo de heliostatos de uma central de concentração solar termoelétrica de receptor central*. Dissertação (Mestrado em Engenharia Mecânica). Faculdade de Engenharia. Porto: Universidade do Porto, 2011. Disponível em: <http://repositorio-aberto.up.pt/bitstream/10216/63344/1/000149684.pdf>. Acesso em: 9 set. 2013.

FARIA, José Ângelo de. *Energia hidrelétrica*. Brasília: Portal do professor do Ministério da

Educação, 2012. Disponível em: <http://portaldoprofessor.mec.gov.br/fichaTecnicaAula.html?aula=40786> . Acesso em: 14 out. 2013.

FLEISCHER, Leonard R. Nuclear energy: production and problems: Answering the rebuttal. *Environmental Management* (2), p. 103-104, 1980.

FRANCE INFO. La toute première hydrolienne française a largué les amarres en Bretagne. Disponível em: <www.franceinfo.fr/sciences-tech-environnement-2011-09-01-la-toute-premiere-hydrolienne-francaise-a-largue-les-amarres-en-558842-29-31.html>. Acesso em: 12 jul. 2013

GANIMI, Rosângela Nasser. Produção de energia – hidrelétrica de Belo Monte. Brasília: Portal do professor do Ministério da Educação, 2011. Disponível em: <http://portaldoprofessor.mec.gov.br/fichaTecnicaAula.html?aula=25828>. Acesso em 16 out. 2013.

GARRIDO, Emmanuel Loureiro. *Concepção e certificação de nova geração de candeeiros de iluminação pública*. Porto: Universidade do Porto, 2010. Disponível em: <http://paginas.fe.up.pt/~ee03096/index_ficheiros/Page830.htm>. Acesso em: 9 set. 2013.

GAZETA MERCANTIL. A indústria da energia: a procura de soluções alternativas. São Paulo, p. 1-4, 21 dez. 1987.

_____. Participação privada será regulamentada nesta semana. São Paulo, p. 13, 21 dez. 1987.

_____. Energia: a expectativa de um grande projeto. São Paulo, p. 1-4, 15 ago. 1988.

_____. Governo substitui Nuclebrás pela INB e vai privatizar a Nuclemon. São Paulo, p. 21, 1º set. 1988.

GIBBONS, John H.; BLAIR, Peter D.; GWIN, Holly L. Strategies for energy, *Scientific American*, p. 86-93, 1989.

GLOBAL CONVERSATIONS – OUR PLANET. Geothermal Energy. Disponível em: <http://ourplanet.infocentral.state.gov/2012/07/18/geothermal-energy/>. Acesso em 15 out. 2013.

GOLDEMBERG, José; JOHANSSON, Thomas B.; REDDY, Amulya K. N.; WILLIAMS, Robert H. *Energy for a sustainable world*. World Resources Institute, 1987.

HALL, David Oakley; RAO, Krishina K. Fotossíntese. São Paulo: EPU-Edusp, 1980.

HARWOOD, John H. O cata-água: energia para comunidades pequenas. *Ciência Hoje*, 2(10), p. 22-25, 1984.

HEIDER, Mathias. Urânio. Brasília: DNPM, 2007. Disponível em: <https://sistemas.dnpm.gov.br/publicacao/mostra_imagem.asp?IDBancoArquivoArquivo=3971>. Acesso em: 6 jul. 2013.

HOFFMAN, Ronaldo. *Método avaliativo da geração regionalizada de energia, em potências inferiores a 1 MW, a partir da gestão dos resíduos de biomassa*: o caso da casca de arroz. Tese (Doutorado em Engenharia). Universidade Federal do Rio Grande do Sul, Porto Alegre, 1999.

INDÚSTRIAS NUCLEARES DO BRASIL (INB). O mineral urânio. Disponível em: <www.inb.gov.br/pt-br/webforms/Imprimir.aspx?campo=43&secao_id=47>. Acesso em: 6 set. 2013.

INSTITUTO BRASILEIRO DE GEOGRAFIA E ESTATÍSTICA (IBGE). *Anuário estatístico do Brasil*. Rio de Janeiro, 1987. p. 370-378.

INSTITUTO IDEAL. Seminário energia mais limpa: energia eólica. Disponível em: <www.institutoideal.org/docs/Abeoolica_ElbiaMelo.pdf>. Acesso em: 20 ago. 2013.

INTERNATIONAL ATOMIC ENERGY AGENCY (IAEA). *IAEA Bulletin*, n. 54, mar. 2013. Disponível em: <http://issuu.com/iaea_bulletin/docs/nuclearpower_es?e=3664147/2413393>. Acesso em: 30 jul. 2013.

INTERNATIONAL ENERGY AGENCY. *World Energy Outlook 2011*. Londres, 9 nov. 2011. Disponível em: <www.worldenergyoutlook.org/media/weowebsite/2011/WEO2011_Press_Launch_London.pdf>. Acesso em: 6 ago. 2013.

KOHLHEPP, Gerd. Análise da situação da produção de etanol e biodiesel no Brasil. *Estudos avançados*, São Paulo, v. 24, n. 68, 2010.

LABORATÓRIO DE AMBIENTE MARINHO E TECNOLOGIA DA UNIVERSIDADE DOS AÇORES (LAMTec). Energias renováveis: painéis fotovoltaicos. Disponível em: <www.lamtec-id.com/energias/paineis.php>. Acesso em 15 out. 2013.

LEWIS, Alfred. *Água*. Lisboa/São Paulo: Verbo, 1983.

LISBOA, Álissa Carvalho; AZEVEDO, Débora de Almeida; GONÇALVES, Félix Thadeu Teixeira; LANDAU, Luís. Aplicação da geoquímica orgânica no estudo dos folhelhos oleígenos neopermianos da Formação Irati – borda leste da Bacia do Paraná – São Paulo: III Congresso Brasileiro de P&D em Petróleo e Gás, 2005. Disponível em: <www.portalabpg.org.br/PDPetro/3/trabalhos/IBP0304_05.pdf>. Acesso em: 30 jul. 2013.

MEDEIROS, L. Na rota dos ventos em busca de energia. *Cespaulista*, 5(29), p. 17-19, 1981.

MINISTÉRIO DA AGRICULTURA, PECUÁRIA E ABASTECIMENTO (MAPA); FOOD AND AGRICULTURAL ORGANIZATION (FAO). *Anais do Seminário Agricultura Horizonte 2000*: perspectivas para o Brasil. Brasília: MAPA/FAO, 1984.

MINISTÉRIO DAS MINAS E ENERGIA (MME). *Ação governamental no setor das Minas e Energia*. Brasília, 1983.

_____. *Fontes alternativas de energia*. Brasília, 1984.

_____. *Resenha energética brasileira*: exercício de 2012. Brasília: MME, 2013. Disponível em: <www.mme.gov.br/mme/galerias/arquivos/publicacoes/BEN/3_-_Resenha_Energetica/1_-_Resenha_Energetica.pdf>. Acesso em: 30 ago. 2013.

_____.; EMPRESA DE PESQUISA ENERGÉTICA (EPE). *Plano nacional de energia 2030*. Brasília: MME; EPE, 2007. Disponível em: <www.mme.gov.br/mme/galerias/arquivos/publicacoes/pne_2030/PlanoNacionalDeEnergia2030.pdf>. Acesso em: 26 jul. 2013.

_____. *Balanço energético nacional 2013 – ano base 2012*: relatório síntese. Rio de Janeiro: EPE, 2013. Disponível em: <https://ben.epe.gov.br/downloads/Relatorio_Final_BEN_2013.pdf>. Acesso em: 30 jul. 2013.

ODUM, Howard T.; ODUM; Elizabeth C.; BROWN, M. T.; LAHART, David; BERSOK, C.; SENDZIMIR, Jan; SCOTT, Graeme B.; SCIENCEMAN, David; MEITH, Nikki. *Ecossistemas e políticas públicas*. Campinas: Laboratório de Engenharia Ecológica da Universidade Estadual de Campinas (Unicamp), 1997. Disponível em: <www.unicamp.br/fea/ortega/eco/index.htm>. Acesso em: 3 out. 2013.

OLIVER, Bernard M. Some energy facts and fallacies. *Perspective in Biology and Medicine*, 23(3), p. 335-357, 1980.

OLIVEIRA, Adilson de. Energia e sociedade. *Ciência Hoje*, 5(29), p. 30-38, 1987.

PAPATERRA, Guilherme Eduardo Zerbinatti. *Pré-sal*: conceituação geológica sobre uma nova fronteira exploratória no Brasil. Dissertação (Mestrado em Geologia). Instituto de Geociências, Universidade Federal do Rio de Janeiro, Rio de Janeiro, 2010. Disponível em: <http://ppgl.geologia.ufrj.br/media/pdfs/Guilherme_Papaterra_Mestrado.pdf>. Acesso em: 26 jul. 2013.

PETROBRAS. Carbono do pré-sal: respostas à folha. In: *Fatos e dados* – Petrobras 60 anos. Rio de Janeiro: Petrobras, 2013. Disponível em: <http://fatosedados.blogspetrobras.com.br/category/respostas-a-imprensa/page/20>. Acesso em 15 out. 2013.>. Acesso em 15 out. 2013.

_____. *A industrialização do xisto no Brasil*. Rio de Janeiro, 1982.

_____. *O petróleo e a Petrobras*. Rio de Janeiro, 1983.

POULALLION, Paul L. Gás natural: o grande ausente. *Conjuntura econômica*, 42(7), p. 103-109, 1988.

PRESIDÊNCIA DA REPÚBLICA FEDERATIVA DO BRASIL. Decreto nº 96 652. Suplemento ao nº 172 (6 set. 1988). *Diário Oficial da República Federativa do Brasil*. Seção I. Brasília, 1988. 22 p.

REDOSCHI, Dagoberto Antônio; SOARES, José Milton Dallari; PIMENTEL, Oscar Marcondes. *O setor elétrico no Brasil*: Situação atual e perspectivas. São Paulo: Fiesp/Ciesp, 1987.

ROSA, Luiz Pinguelli; MIELNIK, Otávio. Integração energética da América Latina: resposta à crise. *Revista Brasileira de Tecnologia*, 14(3), p. 18-28, 1983.

SADHU, Debi; BRITTO, Raimundo; PEREIRA, Edgar; DIAS, Sérgio Souza. Utilização da energia eólica no suprimento da eletricidade de estações de micro-ondas para telecomunicações no Brasil. *Revista de Tecnologia de Santa Maria*, 11(2), p. 81-94, 1987.

SATCHWELL, John. *Energias do futuro*. Lisboa/São Paulo: Verbo, 1983.

SECRETARIA-GERAL DA PRESIDÊNCIA DA REPÚBLICA. Mapa da produção de cana-de-açúcar no Brasil. Disponível em: <www.secretariageral.gov.br/.arquivos/publicacaocanadeacucar.pdf>. Acesso em: 15 out. 2013.

SIMON, David. Caminhos e descaminhos da energia nuclear. *Ciência Hoje*, 2(8), p. 54-58, 1983.

STEINER, Frederik; BROOKS, Kenneth. Ecological planning: a review. *Environmental Management*, 5(6), p. 495-505, 1980-1981.

TERRY, Leslie Afrânio; PEREIRA, Mario Veiga Ferraz; ARARIPE NETO, Tristão de Alencar;

SILVA, Luiz Fernando C. Amaro da; SALES, Paulo Roberto de Holanda. Nas malhas da energia. *Ciência Hoje*, 4(23), p. 40-46, 1986.

THOMPSON, Arthur Moses; OLIVEIRA, Luiz Fernando Seixa de. Angra: um reator pode explodir?. *Ciência Hoje*, 2(8), p. 50-54, 1983.

TOFFOLI, L. C.; ALENCAR D. E.; MELLO, M. R. A energia do gás natural. *Ciência Hoje*, 13(15), p. 62-67, 1984.

TOLMASQUIM, Mauricio. Apresentação. In: *Plano nacional de energia 2030*. Brasília: MME; EPE, 2007. Disponível em: <www.mme.gov.br/mme/galerias/arquivos/publicacoes/pne_2030/PlanoNacionalDeEnergia2030.pdf>. Acesso em: 26 jul. 2013.

UNERG. Environmental effects of different energy sources. *Ambio*, 10(5), p. 255-256, 1981.

UNTALER, Lindomar de Oliveira. *Derramamento de petróleo*: destruindo o ambiente. Brasília: Portal do professor do Ministério da Educação, 2010. Disponível em: <http://portaldoprofessor.mec.gov.br/fichaTecnicaAula.html?aula=25254>. Acesso em 16 out. 2013.

WALSH, Phillip J.; ETNIER, Elizabeth L.; WATSON, Annetta. P. Health and safety implications of alternative energy technologies. III. Fossil energy. *Environmental Management*, 5(6), p. 483-494, 1981.

WATSON, Annetta. P.; ETNIER, Elizabeth L. Health and safety implications of alternative energy technologies. I. Geothermal and biomass. *Environmental Management*, 5(4), p. 313-327, 1981.

WELT CLEAN ENERGY. Energia eólica. Disponível em: <www.weltce.com.br/internas.php?noticias=9003&interna=90319>. Acesso em: 9 set. 2013.

WORLD ENERGY COUNCIL. 2010 *Survey of Energy Resources*. Disponível em: <www.worldenergy.org/documents/ser_2010_report_1.pdf>. Acesso em: 30 jul. 2013.

Sites

Agência Nacional de Energia Elétrica (Aneel): www.aneel.gov.br
Agência Nacional do Petróleo (ANP): www.anp.gov.br
BiodieselBR : www.biodieselbr.com
Eneva – Solar Tauá: http://www.eneva.com.br/pt/nossos-negocios/geracao-de-energia/usinas-em-operacao/solar-taua/Paginas/default.aspx
Ministério de Minas e Energia (MME) : www.mme.gov.br
Petrobras: www.petrobras.com.br
Programa Nacional de Produção e Uso de Biodiesel: www.biodiesel.gov.br
Parque Eólico de Osório: www.ventosdosulenergia.com.br/highres.php
Portal de Energias Alternativas: www.energiasealternativas.com/index.html
Portal Energia: www.portal-energia.com